Edition Dornbrunnen Wissen

Edition Dornbrunnen Wissen

Berlin 2022

Die Inseln *Amsterdam* und *Saint Paul* im Südindischen Ozean

Details und spannende Geschichte von

Bernhard Krauth

Edition Dornbrunnen

Edition Dornbrunnen Wissen

Korrekturen und Lektorat: Meiko Richert und Dirk Seliger PEGASAU

Die Deutsche Nationalbibliothek verzeichnet diese Publikation in der Deutschen Nationalbibliografie; detaillierte bibliografische Daten sind im Internet über
http://dnb.d-nb.de
abrufbar.

1. Auflage 2022

ISBN 978-3-943275-64-3

Sven-R. Schulz, Dornbrunner Straße 16, 12437 Berlin
www.edition-dornbrunnen.de
Titelgestaltung: Bernhard Krauth unter Verwendung eines Fotos von Bruno Marie

Druck und Vertrieb: Books on Demand GmbH, Norderstedt
PNEDW1

Vollständige Neufassung auf Grundlage der Diplomarbeit des Verfassers vom 20.02.1995

Der navigatorische Teil der ursprünglichen Arbeit erfuhr keine signifikanten Änderungen oder Aktualisierungen und ist mit Ausnahme des Teils »Meteorologie« daher in dieser Fassung nicht mehr enthalten.

Da es sich in dieser Ausführung um keine Prüfungs- oder »wissenschaftliche« Arbeit handelt, wurde bei vielen neueren Quellenangaben auf detaillierte Seitenangaben verzichtet, auch weil es oftmals Überschneidungen der Inhalte mit weiteren Quellen gibt.

Auszüge hiervon sowie einige hier nicht enthaltene Illustrationen sind im Internet zu finden unter:

www.bernhard-krauth.de/diplomarbeit.htm

Der Abdruck der farbigen Luftaufnahmen erfolgt mit der freundlichen Genehmigung des Fotografen Bruno Marie, weitere eindrucksvolle Aufnahmen finden sich auf seiner Webseite:

http://seaview.photodeck.com/-/galleries/saint-paul-et-amsterdam

Ich habe umfangreiches Bildmaterial im Internet gefunden und gesammelt, kann dies jedoch aus urheberrechtlichen Gründen leider nicht abdrucken, daher sind hier nur rechtfreie Abbildungen gezeigt.

Inhaltsverzeichnis

Das Kürzel TAAF steht für *Terres Australes et Antarctiques Francaises*, d. h. sinngemäß *Französische Antarktisterritorien*. Dies sind:

- *Terre Adélie*, antarktisches Festland
- die *Kerguelen*
- die *Crozet-Inseln*
- die Inseln *Saint Paul* und *Amsterdam*
- seit dem 21. Februar 2007 werden auch die »Îles Éparses« rund um Madagaskar herum offiziell durch die TAAF verwaltet (zuvor schon seit dem 03.01.2005), es sind dies die Inseln:

Europa, Juan de Nova, Îles Glorieuses, Tromelin und das Atoll *Bassas da India.*

Lage der Inseln im *Indischen Ozean*

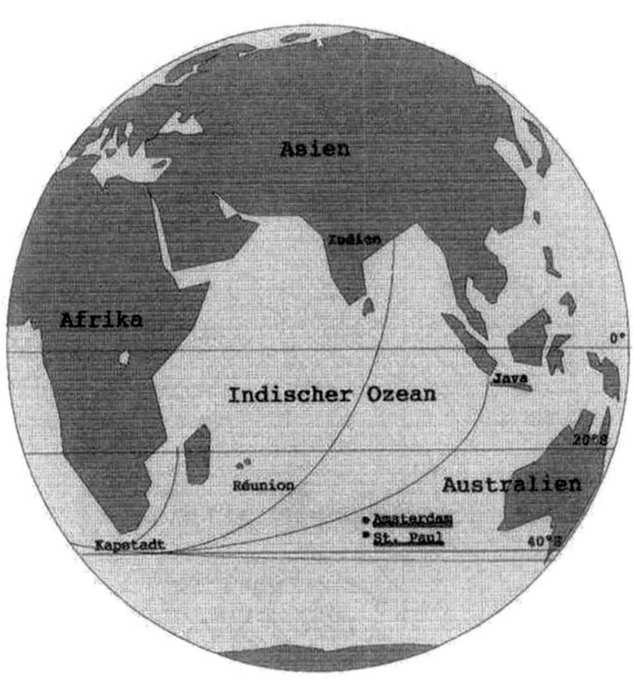

Hauptsegelrouten der letzten Jahrhunderte vom Atlantik nach Ostasien und Australien.

A.

Einleitung

Die Inseln *Amsterdam* und *Saint Paul* interessieren mich seit Jahrzehnten. Diese Inseln liegen gänzlich einsam im Südindischen Ozean und sind, betrachtet man sie näher, sehr interessant.

Ich besorgte mir schon früh Informationsmaterial jeglicher Art, in erster Linie aus *Frankreich*. Während meines Studiums zum *Kapitän auf Großer Fahrt / Diplom-Wirtschaftsingenieur für Seeverkehr* reifte der Gedanke, aus diesem Informationsmaterial eine Diplomarbeit zu gestalten. Denn was liegt näher als ein Thema, welchem man sich mit Herz und Seele verschrieben hat?

Diese Arbeit, mit der ich 1995 mein Diplom erwarb, liefert umfassende Informationen für die Seefahrt und jede interessierte Privatperson. Der erste Teil der Arbeit befasst sich mit informativen Fakten zur Geografie, der Flora und Fauna sowie der Geschichte der Inseln, während im zweiten Teil der Arbeit Informationen zur Navigation im Bereich der Inseln geliefert werden. Der zweite Teil wurde in der hier vorliegenden Fassung weggelassen, da sich seither keine besonderen Änderungen ergeben haben und dieser auch eher als fachspezifisch für mein Diplom anzusehen ist.

Seit 1995 habe ich immer wieder den Text ergänzt, überarbeitet und korrigiert, sobald ich neue Informationen erhalten habe. Dank des Internets sind heute zahlreiche historische (aber auch modernere) Quellen über die Inseln zu finden, so dass ich mich ab 2020 erneut intensiv mit Quellensuche und Quellenstudium befasst habe. Daraus resultieren umfangreiche Ergänzungen und Korrekturen in den meisten Abschnitten. Zahlreiche neue und auch bedeutsame Informationen sind hinzugekommen, die den Umfang der Arbeit erheblich vergrößert haben, insbesondere im Bereich der Geschichte der Inseln.

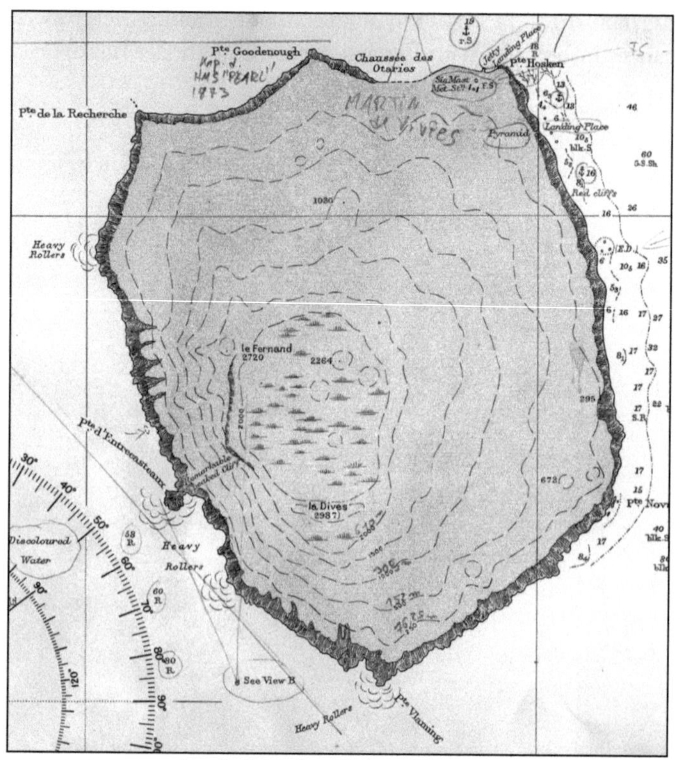

Aus der britischen Seekarte Nr. 1921.

B.

1. Amsterdam

1.1 Geografie

Die Insel *Amsterdam* befindet sich im südlichen *Indischen Ozean* auf dem *Mittelindischen Seerücken* auf 37°50' südlicher Breite und 77°33' östlicher Länge.

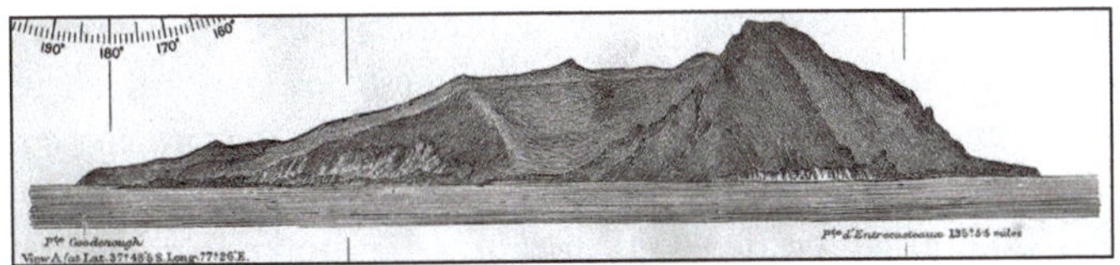

Nordwestliche Ansicht aus der britischen Seekarte Nr. 1921.

Die Fläche der Insel umfasst 55 km² und hat eine ovale Form, wobei die Länge etwa 9 km und die Breite 7 km betragen. Die Insel erreicht ihren höchsten Punkt im Gipfel *Mont de la Dives* mit 881m ü. NN und ist rein vulkanischen Ursprungs, genauer gesagt, der Gipfel eines geologisch sehr jungen Vulkans. *Amsterdam* basiert auf zwei Entstehungsphasen. Die erste liegt rund eine Millionen Jahre zurück, präsentiert durch einen

Das Vulkan-Plateau südlich des *Mont de la Dives* mit dem Kegel *La Grande Marmite.*

© Bruno Marie, http://seaview.photodeck.com/

Paleo-Vulkan, dessen heutige Überreste der *Mont du Fernand*, *le Grand Balcon* und *le Pignon* sind. Die steile Westküste stellt im Grunde die Kraterrandhänge des ins Meer abgebrochenen ersten Vulkans der Insel dar. Die zweite Phase hat vor 400.000 bis 200.000 Jahren den Vulkan *de la Dives* und seine Caldera geformt.[1]

Verschiedene Quellen setzen die letzte vulkanische Aktivität auf nur einige Jahrtausende zurück, manche sogar sprechen nur von wenig mehr als 100 Jahren. Da (wie weiter unten zu lesen) ein letztes Aufflammen vulkanischer Aktivität auf *Saint Paul* in den Zeitraum um 1790 herum als nahezu gesichert angesehen werden kann, und um 1791–1793 von großflächigen Bränden unbekannter Ursache auf *Amsterdam* berichtet wurde, ist nicht auszuschließen, dass deren Ursache auch auf *Amsterdam* in vulkanischer Aktivität liegen könnte, denn immerhin liegen die beiden Inseln ja geologisch dicht beieinander. Trotz des geringen geologischen Alters von *Amsterdam* ist heute nicht mehr das geringste Zeichen noch vorhandener vulkanischer Aktivität festzustellen, im Gegensatz zu *Saint Paul*.

[1] Verdenal, Yannick: *Saint Paul & Amsterdam – Voyage austral dans le temps*, Hrsg. Gérard Louis, Haroué 2004, S. 63; im Folgenden abgekürzt mit »SAV«, vgl. Lit.-Verz. Nr. 21. Siehe dort bitte auch eine wichtige Anmerkung zu den Quellen.

Südliche Ansicht, aus dem Buch der *Reise der »Novara«*.

Der vulkanische Charakter der Insel hat sich jedoch sehr gut erhalten, da außer an der Küste keine nennenswerte Erosion aufgetreten ist.[1]

Die Insel wird geografisch in vier Abschnitte unterteilt, die ich um einen 5. Abschnitt, hier den zunächst behandelten, erweitern möchte.

Die ganze Küste besteht, mit Ausnahme eines etwa einen Kilometer langen Küstenstreifens, aus einer im Schnitt 80 m hohen Steilküste. Der flache Küstenstreifen befindet sich im Norden der Insel. Er stellt mit einer ehemals natürlichen Lavapier, einem verwitterten, etwa 30 m langen und etwa 10 m breiten Lavastrom, der hier ins Meer geflossen ist, den einzigen Punkt dar, an dem die Insel ohne größere Schwierigkeiten zu betreten ist. Heute ist diese Pier zusätzlich befestigt worden, um den Fahrzeugen der Station festen Untergrund zu bieten, wenn an der Pier angelandete oder wegzubringende Materialien umgeschlagen werden.

Auf die Steilküste folgt dann das Tiefland bis zu einer Höhe von etwa 300 m, das sich durch eine starke Trockenheit während der Sommermonate auszeichnet.

Das Hochland, von 300 bis 600 m, ist von einem von den Menschen bisher wenig berührten Torfmoor bedeckt.

Es folgt das 260 Hektar große Torfmoor-Plateau in einer Höhe von etwa 550 bis 750 m sowie der 881 m hohe Gipfel *La Dives*. Die West-Steilküste mit einer Höhe bis zu 700 m bildet den letzten geografischen Abschnitt.[2]

Amsterdam gleicht mit etwas Fantasie einem abgestumpften, schiefen Kegel, wobei die Kegelstumpffläche (das *Plateau des tourbières* bzw. das Torfmoor-Plateau) sich dicht über der Westküste befindet, zusammen mit der Caldera unter dem *Mont de la Dives*, so dass die Insel nach allen anderen Seiten recht gleichmäßig abfällt.

---

[1] De la Rüe, E. Aubert, *Les Terres Australes*, 2. Kapitel, I. Teil. P.U.F., Collection Que Sais-je Nr. 603, 1967, Paris, S. 22; im Folgenden abgekürzt mit »Terres Australes« vgl. Lit.-Verz. Nr. 6.

[2] Interne Veröffentl., S. 1, vgl. Lit.-Verz. Nr. 5.

Im näheren Bereich der Station finden sich Traktorpisten, und über die ganze Insel zieht sich inzwischen eine ganze Anzahl mehr oder weniger deutlich erkennbarer Wege, die zu den verschiedenen Außenposten führen, an denen regelmäßig unterschiedlichste wissenschaftliche Forschungen ausgeführt werden.

1.2 Flora und Fauna[1]

Aufgrund ihrer abgelegenen Lage sind Flora und Fauna auf den Inseln aus biologischer Sicht nicht sonderlich stark vertreten.

Die Fauna auf *Amsterdam* besteht aus einigen Insekten, zahllosen Fliegen sowie Milben, Schaben, Spinnen, Tausendfüßlern und Kellerasseln. Durch den Menschen kamen Mäuse und Ratten sowie Katzen, Ziegen und Rinder auf die Insel – verwilderte Katzen gibt es in geringer Anzahl wohl noch heute (2020), und die Rinder wurden letztendlich aus ökologischen Gründen 2010 komplett eliminiert (siehe hierzu weiter unten), Ziegen verblieben wie auf *Saint Paul* wohl nur temporär auf der Insel.

Äußert bemerkenswert, ja regelrecht befremdlich, ist der Vermerk im Journal der *Nyptang*, einem der drei Schiffe, mit denen *Willem de Vlamingh* 1696 die Inseln besuchte. Dort heißt es im Eintrag des 4. Dezember, »... unsere Leute fingen ein Wiesel und zwei graue Hasen.«[2] Angesichts des Umstands, dass es, außer durch den Menschen eingeführt, eigentlich keine Säugetiere auf der Insel hätte geben dürfen, würde dies bedeuten, dass die Insel bereits vor 1696 von Menschen betreten worden ist und von diesen diese Tiere ausgesetzt worden waren. Keine andere Quelle berichtet jedoch von Hasen oder gar Wieseln auf

---

[1] Terres Australes, S. 24-27, vgl. Lit.-Verz. Nr. 6.

[2] »... ons volk ving een Wezeltje, en twe graauwe Haazen«, *Journaal wegens een voyagie, gedaan op order der Hollandsche Oost-Indische Maatschappy in de jaaren 1696 en 1697 door het hoekerscheepje de Nyptang, het schip de Geelvink, en het galjoot de Wezel, na het onbekende Zuid-land, en wyders na Batavi;*, Boekverkoopers Willem de Coup, Willem Lamsvelt, Philip Verbeek, Jan Lamsvelt, Amsterdam 1701, S. 11, vgl. Lit.-Verz. Nr. 28.

Amsterdam in jener Zeit, so dass entweder die Angabe eine fehlerhafte ist oder es sich um eine andere Art von Tieren gehandelt haben muss. Andererseits wird die Angabe in Bezug auf diese Tiere gestützt durch den vorhergehenden Teil des Berichts, in dem ausgesagt wird, man habe »viele tote Vögel unter den Bäumen und viele Löcher im Boden gefunden«. Die Löcher sprechen für Erdbewohner wie Kaninchen und Wiesel und die toten Vögel für das Raubtier Wiesel.

Man hat seit den 1950er Jahren Knochenfunde auf *Amsterdam* gemacht, die auf eine kleine, vermutlich flugunfähige Ente hinweisen, die nur verkümmerte Flügel hatte. In Bezug hierauf wurde die Logbucheintragung umgedeutet, es sei von »vierfüßigen, an Wiesel oder Fuchs erinnernde Tiere« berichtet worden, während in dem Logbuch der *Nyptang* eindeutig eine solche Aussage nicht zu finden ist. Dennoch wird aufgrund dieser inkorrekten Übersetzung gemutmaßt, es könne diese flugunfähige Ente gemeint gewesen sein. Unterstützung bemüht man durch Verweis auf den Bericht von *John Barrow*, der 1797 mit der *Lion/Hindostan* auf *Saint Paul* war, in dem von einer »kleinen braunen Ente, nicht viel größer als eine Drossel« berichtet wird, die von den Fischern auch gegessen worden sein soll.[1]

Merkwürdig erscheint, dass in den Berichten des Kapitän *Péron*, der ja einer derjenigen sein soll, der diese »Enten« gegessen hat, mit keinem Wort ein derartiger Vogel erwähnt wird, obgleich er die Fauna der Insel – gerade auch in Hinblick auf deren Essbarkeit – sehr ausführlich beschreibt. Die einzige Vogelart, die in seinen Beschreibungen der »braunen Ente« *Barrows* nahe kommt, ist die große Raubmöwe (meist *Skua* genannt). Aber genau diese bezeichnet er als für den Menschen ungenießbar … Die Berichte *Péron*s weichen oftmals von denen der besuchenden Engländer ab, man ist jedoch geneigt, jemandem, der lange Zeit auf der Insel verbracht hat, mehr

[1] Bourne, W.R.P., A.C.F. David, and C. Jouanin. *Probable Garganey on St. Paul and Amsterdam Islands, Indian Ocean.* Wildfowl 34, Ed. Wildfowl Trust, Slimbridge 1983, S. 127-129, vgl. Lit.-Verz. Nr. 29.

Glauben zu schenken als den kurzzeitigen Besuchern.[1] Von »flugunfähigen Vögeln« schreiben beide aber nichts.[2] Dass die nach moderneren Knochenfunden auf *Amsterdam* inzwischen ausgestorbene endemische flugunfähige Vogelart in Bezug auf die Fauna der Inseln eine Sensation darstellt, ist unbestreitbar. Dass man diesen Funden aber offenbar durch die fehlerhafte Wiedergabe des Journals der *Nyptang* – sowie der weiteren, nicht zu bestätigenden Quelle von *John Barrow* – einen historisch belegbaren Hintergrund zu geben versucht, das befremdet. Schlimmer noch, diese falsche Aussage ist inzwischen in vielen enzyklopädischen Artikeln, bspw. bei Wikipedia, unter dem Begriff »Amsterdamente« (engl. *Amsterdam wigeon*) und sogar dem lateinischen Namen *Anas marecula*, der nach den Knochenfunden vergeben wurde, immer wieder zu lesen …

Die Vogelwelt auf *Amsterdam* besteht aus Pinguinen, Seeschwalben, Sturmvögeln und vor allem Albatrossen. Der Gelbschnabelalbatros lebt in erster Linie auf *Amsterdam*, 90% des Weltbestandes dieser Vogelart pflanzt sich auf *Amsterdam* fort.

In den Gewässern der Insel finden sich Seeelefanten und Robben. Auch Wale suchen die Gewässer der Inselgruppe auf, früher zahlreich, heute jedoch aufgrund der Dezimierung durch den Menschen nur noch wenige. Bekannt ist die Inselgruppe vor allem durch ihren Reichtum an essbarem Seegetier, vor allem dem kabeljauähnlichen Lippen-Fingerfisch, Dorsch und Langusten. Insgesamt ist die Fauna in den Gewässern der Inseln stärker vertreten als an Land. Laut den Berichten der Expedition der *Novara* galten die Gewässer *Amsterdams*, hier insbesondere vor der Südseite, zu jenen Zeiten als außergewöhnlich fischreich, und Walfänger, die die Südpolarregionen ansteuerten, kamen regelmäßig hier vorbei, um ihren Vorrat an Frischfisch aufzufüllen.[3]

[1] Vgl. Lit.-Verz. Nr. 9a.

[2] John Barrow, *A Voyage to Cochinchina in the years 1792 and 1793*, London 1806, S. 140-157, vgl. Lit.-Verz. Nr. 30.

[3] Vgl. Lit.-Verz. Nr. 8a.

Die Flora *Amsterdams* ist durchaus üppig, beschränkt sich aber hauptsächlich auf die Insel bedeckende verschiedene Grassorten, von denen einige Hüfthöhe erreichen. Außerdem finden sich einige Farnarten, Moose und andere niedere Pflanzen, nicht wenige davon sind endemisch.

Das Besondere der Insel *Amsterdam* hinsichtlich der Flora ist das Vorhandensein von Bäumen: Sie ist die einzige der zur *Antarktis* zählenden Inseln im *Indischen Ozean*, die einen Baumbewuchs hat. Diese Baumart, die Kapmyrte *(Phylica arborea – Familie der Kreuzdorngewächse = Rhamnaceae)* ist endemisch, es gibt sie nur auf *Amsterdam.* Eine genetisch eng verwandte Baumart, die daher zur gleichen Art gezählt wird, gibt es auf der Insel *Gough* im Südatlantik. Deren Samen wurden vermutlich von Gelbnasenalbatrossen auf *Amsterdam* eingeschleppt. Die lange Zeit verwendete Bezeichnung *Phylica nitida* bezeichnet eine endemische Art auf den Maskarenen, mit denen die Kapmyrte *Amsterdams* und *Goughs* jedoch nicht verwandt ist. Die *Phylica* auf *Amsterdam* erreicht bei einem Stammumfang von 25 bis 30 cm eine Höhe von 6 bis 7 m. Sie wächst nur in einem Höhenstreifen von 100 bis 250 m.[1]

Außer den genannten Pflanzen gibt oder gab es, durch den Menschen eingeführt, Petersilie, Kohl und Agaven sowie neuzeitlicher im Bereich der Station Kapuzinerkresse, Geranien, Hortensien und zwei Strandkiefern. Ebenfalls zwischenzeitlich gepflanzte Zypressen wie auch andere eingeführte Baumarten wurden zugunsten der Kapmyrte inzwischen wieder entfernt. (Quelle: Internet-Blog der Station *Amsterdam*) Die ersten Pflanzen wurden 1696 während der Expedition *de Vlaminghs* eingeführt, man pflanzte (wie auch schon auf *St. Paul*) an sechs Stellen mit geeignetem Boden Gerste, Erbsen und Senfsaat. Vorgefunden hatte man neben regelrechten Wäldern mit der Kapmyrte (dabei Exemplare mit einem Stammumfang in der

---

[1] Details ergänzt Mai 2021 nach Informationen auf Wikipedia: https://de.wikipedia.org/wiki/Phylica_arborea und https://fr.wikipedia.org/wiki/Phylica_arborea sowie Informationen im Blog der Station https://saintpauletamsterdam.blogspot.com/2021/05/dans-la-serie-portraits-croises-lhomme.html.

Stärke eines Menschen) nur eine Pflanze, die als Nutzpflanze einzuordnen ist und geschmacklich dem Sellerie ähnelte.[1]

Mit der Errichtung der dauerhaften Station auf *Amsterdam* 1949 wurden für die Eigenversorgung mit Frischgemüse vor allem im Bereich um die Station herum Gemüseanpflanzungen angelegt. Ab 1980, mit dem Ziel, den ökologischen Ur-Zustand der Insel möglichst zu erhalten, wurden einige Gärten stillgelegt und die verbleibenden kontinuierlich dahingehend beobachtet, dass keine eingeführten Pflanzen den Bereich »verlassen«.

Angepflanzt wurden Tomaten, Kartoffeln, Auberginen, Kohl aller Art, Mais, Artischocken, weiße Rüben, Karotten, Lauch, und anderes mehr. Zeitweise wurde auch versucht, Obstbäume zu kultivieren, darunter Birnen, Pfirsiche, Mandeln, Apfel, Pflaumen und Orangen. Auch Nutzholz wie japanische Zedern, Zypressen und Eukalyptus wurde versucht, jedoch mit wenig Erfolg. Im Rahmen der Errichtung des Naturreservats im Jahr 2006 und der damit verbundenen »Stilllegung« einiger Gärten wurde versucht, diese Bereiche wieder in ihren ursprünglichen Zustand zurückzuversetzen, ansonsten die Anzahl an pflanzlichen Spezies zu begrenzen und vor allem deren Verbreitung zu kontrollieren.[2]

Trotz ihrer abgelegenen Lage ist *Amsterdam* die ökologisch am stärksten geschädigte Insel der *Französischen Antarktisterritorien.*

Durch das Aussetzen inselfremder Tiere, wie Mäuse, Ratten und Rinder, ist die Ökologie der Insel irreparabel gestört worden. Von ehemals 22 fliegenden Bewohnern sind noch 9 geblieben, und unter den Verschwundenen waren 4 endemische Arten.

Während Ende des 17. Jahrhunderts noch 30% der Insel mit Wald (bestehend aus der Kapmyrte) bedeckt war, waren 1875 nur noch 5% der Insel bewaldet. Bis zu diesem Datum

[1] Vgl. Lit.-Verz. Nr. 26.

[2] http://saintpauletamsterdam.blogspot.com/2020/05/les-jardins-secrets-damsterdam.html

Aufforstungsbereich der Phylica im *Cratère Antonelli* im Norden der Insel.
© Bruno Marie, http://seaview.photodeck.com/

war der Bestand nur durch Menschenhand dezimiert worden. Vorbeifahrende Schiffe schlugen hier in der Vergangenheit ihr Brennholz. In den Jahren um 1791 bis 1793 scheint es mehrfach großflächige Brände gegeben zu haben, wobei deren Ursache, also ob von Menschenhand verursacht oder aus natürlichen Gründen, unbekannt ist. Wie weiter oben angesprochen, ist eine vulkanische Aktivität, die parallel zu jener auf *Saint*

Paul in diesem Zeitraum stattgefunden haben könnte, als Ursache durchaus denkbar. Bis dahin galten die Inseln als »grün«, seither waren sie eher »grau«.[1] Den Gnadenstoß bekam das Ökosystem der Insel durch die Einführung einiger Rinder. (Manche Quellen benennen fünf, andere sechs – woher die Angaben stammen, ist dabei unklar). In den meisten Quellen wird behauptet, diese seien durch die Familie *Heurtin* 1871 eingeführt und nach dem Besiedlungsversuch zurückgelassen worden.[2] Neuere Quellfunde geben dafür aber keine Bestätigung, weshalb eher davon auszugehen ist, dass die Rinder, sei es als Lebendproviant oder aus anderen Gründen, von passierenden oder in dem Bereich tätigen Schiffen auf der Insel ausgesetzt wurden.[3] Da der Kapitän *Goodenough*, der die Insel fast exakt zwei Jahre nach der Abreise der *Heurtins* besuchte, eindeutig Hufspuren von Rindern (sowie Spuren von Ziegen) vorfand, muss der Zeitpunkt, an dem die Rinder auf die Insel gebracht worden waren, innerhalb dieser zwei Jahre liegen, wenn auch aufgrund der fehlenden oder dürftigen Quellen nicht ausgeschlossen werden kann, dass sich die Rinder doch bereits vor den *Heurtins* auf der Insel befanden.[4] Die Rinder fraßen außer Gräsern vor allem die jungen Sprösslinge der Bäume, vertrieben durch die Störung der Brutstätten vor allem die ehemals zahlreichen Vogelarten, insbesondere den Albatros, und beanspruchten bald 70% der Inselfläche.

Während die Zahl der Rinder bis 1983 auf 2000 anwuchs, reduzierte sich der Waldbestand auf magere 0,2% der Inselfläche. Schließlich erkannten französische Wissenschaftler die katastrophale Lage und begannen 1986 (bei ca. 1650 Rindern) mit einer ökologischen Restaurierung.

Als Erstes wurde ein 3,8 km langer elektrischer Zaun von der Nordostküste zum Hochplateau gebaut und im nördlichen

[1] Siehe hierzu bei *St. Paul* die Details zur Robbenschlägerei und die Quelle von Rhys Richards, Lit.-Verz. Nr. 43.

[2] Vgl. Lit.-Verz. Nr. 21.

[3] U. a. Lit.-Verz. Nr. 46.

[4] Vgl. Lit.-Verz. Nr. 32.

Inselbereich, in dem auch die Station liegt, eine Herde von 300 Rindern zurückbehalten. Außerhalb dieses Bereiches, in der Schutzzone, also dem restlichen Teil der Insel, wurden die verbliebenen Rinder während zweier Kampagnen in den Jahren 1988 und 1989 beseitigt, also abgeschossen – insgesamt mehr als 1.000 Tiere. Aber bereits Ende 1991 hatte die auf bereits wieder rund 900 Tiere angewachsene Herde begonnen, sich an der Westküste immer weiter auszubreiten, so dass 1992 als weitere Begrenzung ein Zaun zwischen den *Falaises de la Pearl* im Westen und dem vorherigen Zaun errichtet wurde. Erneut wurde die Herde durch Abschuss auf etwa 500 Tiere reduziert, welche sich nun auf ein Gebiet von 1.200 ha beschränken mussten.[1] Im Rahmen der Aufforstung und Aufzucht der Kapmyrte wurde jedoch 2008 entschieden, die ursprünglich nicht heimischen Rinder, die weiterhin eine Gefahr für die Bäume darstellten, komplett auszurotten. Seit 2010 ist daher die Insel vollständig frei von Rindern.

Diese Maßnahmen sollen nun dazu führen, dass sich die Insel *Amsterdam* wieder so weit wie möglich ihrem ursprünglichen Zustand nähert.[2]

Mir selbst, auch wenn mir kein Urteil als Laie zusteht, erscheinen aber die offiziellen Äußerungen und Maßnahmen der französischen Verwaltungen wie auch teilweise der Wissenschaftler, beide Inseln betreffend, in mancherlei Dingen als »Schönfärberei«. So wurde *Saint Paul* der Status eines Biosphärenreservats verliehen, ein Betreten oder gar Annähern an die Insel strikt reglementiert, obwohl die Insel eh kaum häufiger als einige Male im Jahr Besuch erfährt und die dortige eher spärliche Tier- und Pflanzenwelt dadurch keine gravierenden Beeinträchtigungen erfahren dürfte. Dass man einen bestimmten Schutzstatus ausspricht und bestimmte, heute als selbstverständlich anzusehende (Verhaltens-)Regeln bei einem Besuch vorschreibt, das ist für mich selbstverständlich. Aber eine ohne-

---

[1] SAV, S. 153-154, vgl. Lit.-Verz. Nr. 21.

[2] Interne Veröffentl., S. 2-5, vgl. Lit.-Verz. Nr. 5.

hin bis auf einen ganz kleinen Bereich so gut wie unberührte Insel zu einem Biosphärenreservat hoch zu stilisieren (weil man eh nichts anderes damit anfangen kann ...), das sehe ich als eine Form von »Selbstbeweihräucherung« im Sinne des Ökologie- und Umweltschutzgedankens an. Aktuell (Nov. 2021) plant Frankreich die ökologischen Schutzzonen um die Inseln, wie auch um Crozet und die Kerguelen herum, auf die gesamte ökonomische Zone (sog. 200-Meilen-Zone) auszuweiten, und darin auch »verstärkte« Schutzzonen teilweise auszuweiten, um damit einen »Beitrag zum CO2-Neutralitätsziels Frankreichs bis 2030« zu gewährleisten. Das die dafür nötigen Anstrengungen sich auf die Finanzierung des bürokratischen Verwaltungsakts begrenzen und sonst keinerlei weitere Kosten für den Staat / Steuerzahler entstehen (an den zuvor bestehenden Kosten ändert sich nichts), gleichzeitig aber Frankreich sich mit riesigen Schutzflächen gegenüber anderen Staaten brüsten kann, ist der ganze reale Beitrag zu all den angeführten Zielsetzungen ...

Aber ja, die Eliminierung ortsfremder Tiere auf *Saint Paul* und *Amsterdam*, wie etwa der Ratten hier und der Rinder dort, war ein extrem wichtiger Schritt, die heimische Flora und Fauna zu schützen und die Renaturierung zu fördern. Wenn ich mir aber die Intensivierung und Ausweitung der Aktivitäten der Station auf *Amsterdam* ansehe, die im Laufe der Jahre angewachsene Anzahl an Gebäuden der Station wie auch auf der Insel selbst, die wiederum durch mehr oder weniger ausgeprägte Wege miteinander verbunden sind (welche auf neuen Luftaufnahmen sehr gut zu erkennen sind, während dies auf älteren Luftaufnahmen nicht der Fall ist), auch wenn das meiste davon wissenschaftlichen Feldstudien und Projekten dient – dann erscheint es mir, als hätten diese menschlichen Aktivitäten zumindest zum Teil die negativen Auswirkungen der Rinder wieder kompensiert. Unbestreitbar, ein von Menschen ausgetretener Pfad, der immer wieder begangen wird und dafür nicht abseits davon Flora und Fauna gestört werden, unterscheidet sich von durch Rindern ausgetretene Wege und deren wahllosem Herumtrampeln abseits irgendwelcher Wege sicherlich grundlegend. Und die Errichtung irgendwelcher Hütten an entsprechenden Beobachtungspunkten für wissenschaftliche Feldforschungen oder bei den Aufforstungsstandpunkten für die Kapmyrte sind nur punktuelle Beeinträchtigungen der Natur, die außerdem unter strikten Verhaltensvorgaben im Sinne der Ökologie und Umwelt genutzt werden. Aber das auf Satellitenfotos und anderen Luftaufnahmen (und teils in Kartenwerken verzeichnete) inzwischen deutlich erkennbare »Wegenetz«, welches die Insel heute durchschneidet und welches so vor einigen Jahren bzw. Jahrzehnten nicht erkennbar (und wohl auch so nicht vorhanden) war, die heute über das Internet gut nachvollziehbaren kontinuierlichen »Wanderungen« der verschiedenen Wissenschaftler und des Stationspersonals auf und über die Insel, all das erweckt in mir doch den Eindruck, dass der Mensch auf *Amsterdam* die Rinder in gewisser Weise ersetzt hat. Sicherlich nicht so schädlich, weil bedachtsamer und bewusster handelnd als ein Rind. Aber doch in einem Maße, dass mir Aussagen wie »*Amsterdam* soll so weit wie möglich wieder zu seinem ursprünglichen Zustand gebracht werden« doch eher als »Schönfärberei« erscheinen. Um das tatsächlich zu erreichen, müsste der Aktions- und Bewegungsradius auf der Insel meiner Ansicht nach deutlich stärker beschränkt werden, als dies in den letzten Jahren der Fall war. Im Gegenteil, dieser Aktionsradius wurde immer mehr ausgeweitet, die Zahl der Außenposten ist angestiegen, entsprechend das Wegenetz.

1.3 Geschichte

Die größere, nördlicher gelegene Insel *Nouvelle Amsterdam*, heute (Île) *Amsterdam*, wurde das erste Mal am 18. März 1522 gesichtet.

Die Entdecker waren der Kommandant der *Victoria*, *Sebastien del Cano*, und mit ihm die Schiffsführer *Francisco Alvo* und *Pigafetta* sowie die restliche noch verbliebene Besatzung, die unter dem Oberkommando *Magellans* aufgebrochen war, die Welt zu umsegeln.

Diese Weltumsegler waren zum Zeitpunkt der Entdeckung *Amsterdams* auf dem Rückweg nach *Portugal*, nachdem *Magellan* am 27. April des Vorjahres auf den *Philippinen* ermordet worden war.[1] Es wurde versucht, vor der Insel zu ankern, was aber nicht gelang, und nachdem die *Victoria* über Nacht beigedreht in der Nähe der Insel abgewartet hatte, wurde am 19. März erfolglos ein erneuter Versuch unternommen. *Francisco Alvo* beschreibt in seinem Logbuch die Insel als »sehr hohe Insel … scheinbar unbewohnt, ohne jeglichen Baumwuchs und geschätzt von 6 Meilen Umfang«.[2]

Im April 1618 sichtete die niederländische *Tertolen* die Insel *Amsterdam* und benannte sie nach ihrem Schiff.[3]

Amsterdam erhielt seinen Namen erst über einhundert Jahre nach der Entdeckung, als der holländische Gouverneur *Antonio van Diemen* sich nach *Java* begab. Er reiste auf dem Schiff *Nieuw Amsterdam* und passierte die Insel am 17. Juni 1633. Die Benennung erfolgte nach dem Namen des Schiffes. Nachdem *Amsterdam* im 16. Jahrhundert wohl vor allem von Portugiesen und möglicherweise Spaniern auf ihren Reisen um das Kap nach Ostindien passiert wurde, waren es im 17. Jahrhundert die Schiffe der niederländischen Ostindien-Kompanie, die ab dem Kap vor allem die westwindreichen Vierziger-Breitengrade nutzten und dabei nicht nur zunehmend die beiden Inseln in Sicht bekamen, sondern auch die Westküste Australiens nach und nach immer ausführlicher erkundeten.

Die ersten Menschen, die vermutlich ihren Fuß auf den Boden der Insel setzten, waren, wie bei *Saint Paul*, der dänische

---

[1] Terres Australes, S. 15-16, vgl. Lit.-Verz. Nr. 6.

[2] Nach dem Logbuch von *Francisco Alvo*, aus *The first voyage round the world, by Magellan*. Translated from the accounts of Pigafetta, and other contemporary writers. Accompanied by original documents, with notes and an introduction, by Lord Stanley of Alderley, Printed for the Hakluyt Society, London 1874.

[3] Vgl. Lit.-Verz. Nr. 26.

Assistent *Joannes Bremer* und der Bremer *Michiel Bloem*[1], die *Willem de Vlamingh* an Land geschickt hatte, der die Insel am 3. Dezember 1696 mit seinen drei Schiff aufsuchte. *De Vlamingh* selbst betrat die Insel am Nachmittag und platzierte (wie schon zuvor auf *Saint Paul*) eine Gedenktafel. Am Abend des 5. Dezember, nachdem man mehrfach Boote an Land gesendet und die Insel umrundet hatte, verließ man *Amsterdam*.[2]

Ob diese Seefahrer tatsächlich die Ersten waren, die *Amsterdam* betreten haben, muss man angesichts des Berichts, man habe ein Wiesel und zwei Hasen auf der Insel gefangen, allerdings in Frage stellen (Näheres hierzu im vorhergehenden Kapitel »Flora und Fauna«).

Im Jahre 1792 machte der Franzose *d'Entrecasteaux* am 28. und 29. März an der Insel halt, als er nach dem verschollenen Franzosen *La Pérouse* suchte.[3] Der Mitreisende Ingenieur und Hydrograf *Beautemps-Beaupré* kartierte hierbei große Teile des Küstenverlaufs, welcher erst durch den Leutnant *Hosken* der *Pearl* 1873 vervollständigt wurde. Kurz danach, am 18. August 1792, besuchte der Kapitän *Péron* kurz *Amsterdam*, wo er ein unbewohntes Haus untersuchte. Dass bereits zu jener Zeit ein Gebäude auf der Insel errichtet war, von wem und wann auch immer, ist hierbei sowohl interessant als auch erstaunlich, da sonst keinerlei historische Quellen darüber bekannt sind.[4]

Zwischen 1789 und 1810 wurde die Insel quasi jährlich von Robbenjägern besucht, die zeitweise auch über längere Zeiträume auf den Inseln verblieben – und denen die Errichtung einer Hütte wohl zuzuschreiben ist. Auch spätere Aufenthalte um 1820 herum sind bekannt.

Überlebende der bei den *Crozet*-Inseln 1821 verunglückten *Princess of Wales* kamen am 26. März 1823 nach *Amsterdam*

---

[1] *Johannes Bremer* aus Kopenhagen, zu *M. Bloem* siehe die Fußnote bei dem Besuch von *Saint Paul*.

[2] Vgl. Lit.-Verz. Nr. 26 und weitere Details bei der Geschichte von *Saint Paul*.

[3] Terres Australes, S. 16, vgl. Lit.-Verz. Nr. 6.

[4] Vgl. Lit.-Verz. Nr. 9a, Band I, S. 171.

und blieben dort teils bis zum 5. Juni 1823, sieben weitere offenbar bis mindestens 1825, bevor sie die Insel verlassen konnten.

Zwei englische Jäger, *James Paine* und *Robert Proudfoot*, wurden 1826 auf *Amsterdam* ausgesetzt und konnten erst im November 1827 die Insel wieder verlassen.

Am 11. Oktober 1833 erlitt die englische *Lady Munro* mit zahlreichen Auswanderern auf ihrer Reise nach Hobart (Tasmanien) Schiffbruch an der Steilküste *Amsterdams*. Von 97 Männern, Frauen und Kindern konnten sich nur 22 Überlebende retten. Zufällig befanden sich zu dieser Zeit drei Robbenjäger auf der Insel, welche den Schiffbrüchigen soweit wie möglich Hilfe gaben und die zusammen mit ihnen einige Zeit später die Insel nach *Mauritius* verließen.[1]

Zahlreiche Schiffbrüche auf *Amsterdam* im Zeitraum von 1798 bis 1876 sind bekannt.[2]

Bis 1843 waren beide Inseln staatenlos. Im Zuge der Errichtung einer Fischereisiedlung auf *Saint Paul*, im Auftrag des Gouverneurs von *Réunion*, angeregt durch eine Interessengemeinschaft von Reedern und Kaufleuten, wurde *Amsterdam* am 01. Juli 1843 von *Frankreich* in Besitz genommen.[3]

Am 24. August 1853 strandete das englische Schiff *Meridian* unter Kapitän *Richard Treseda Hernaman*, mit 84 Passagieren an Bord (26 Männer, 17 Frauen und 41 Kinder unter 16 Jahren), aber nur 14 Mann Besatzung einschließlich des Kapitäns (statt der üblichen 23), und damit unterbesetzt, bei *Amsterdam*. Darüber hinaus war kaum einer der zehn nicht im Offiziersrang stehenden Besatzungsmitglieder seemännisch qualifiziert. Auch wenn die Details dieses Schiffbruchs keinen weiteren Beitrag zur Geschichte *Amsterdams* darstellen, so sind sie

[1] Daten zusammengestellt und eingefügt aus SAV, vgl. Lit.-Verz. Nr. 21.

[2] Stéphanie Légeron und Bruno Marie, *Escales au Bout du Monde* / Hrsg. Océindia SARL, La Montagne (La Réunion), 2015, im Folgenden abgekürzt mit »EBM«, vgl. Lit.-Verz. Nr. 22: Eine Listung derartiger Schiffbrüche findet sich dort auf S. 323, und auch in SAV, S. 65 ff, vgl. Lit.-Verz. Nr. 21, finden sich zahlreiche Beschreibungen der Schiffbrüche.

[3] Terres Australes, S. 17, vgl. Lit.-Verz. Nr. 6.

doch interessant und werden hier zusammengefasst wiedergegeben.[1]

Laut eines Passagierberichts hatte das Schiff kurz zuvor die *John Sugars* überholt, und da der sehr ehrgeizige Kapitän fürchtete, doch noch von dieser überholt werden zu können, orderte er den Rudergänger, den bislang gesteuerten Kurs geringfügig zu ändern, was nach den Worten des Passagiers dazu führte, dass die *Meridian*, statt zwölf bis fünfzehn Meilen an *Amsterdam* vorbeizusegeln, diese genau traf. Es war ein stürmischer Tag, und das Schiff lief trotz reduzierter Segelfläche gut 10 Knoten schnell. Um 19:15 Uhr lief das Schiff am Abend auf ein Felsenriff etwa eine Viertel Seemeile vor der Küste *Amsterdams* auf. Obgleich man mit der Sichtung der Insel jederzeit gerechnet hatte, war kein Ausguck besetzt gewesen, und bei der um 18:00 Uhr erfolgten Wachübergabe des 2. an den 1. Offizier wies dieser ihn zwar auf eine Erscheinung hin, die er als aufkommende Böenfront ansah, die aber wohl bereits die Insel gewesen sein muss. Das Schiff schlug sofort leck, stieß mit jeder Welle heftig auf den Felsen auf und wurde dabei noch näher auf die Küste zugetrieben. Gleich zu Beginn wurden der Kapitän, der Koch und ein Passagier (ein Schweizer namens Pfau) über Bord gespült, diese blieben damit aber die drei einzigen verlorenen Menschenleben. Der nun verantwortlich gewordene Offizier lehnte jegliche Verantwortungsübernahme ab und ergriff auch keinerlei Maßnahmen. Bis zum Beginn des Tageslichts am nächsten Morgen verbrachte man angsterfüllt die kommenden Stunden.

Gegen halb zwei Uhr morgens am 25. brach das Schiff in der Mitte auseinander, als der Hauptmast stürzte und das Schiff entzweischlug. Mit dem ersten Tageslicht wurde das Schiff verlassen, welches inzwischen so dicht am Ufer lag, dass man vom Heck des Schiffes entlang des umgefallenen Hauptmastes, der mit seiner Spitze bereits am Ufer lag, an Land gelangte. Die Lage schien sich jedoch nicht gebessert zu haben, man erkannte, dass man sich am Fuß einer hohen und unersteigbaren Steil-

[1] Vgl. Lit.-Verz. Nr. 27 S. 75-81.

küste befand, während der »Strand« so schmal war, dass die Wellen fast noch die Füße erreichten. Im Laufe des Tages kehrte die Besatzung auf das Schiff zurück, um Brauchbares zu holen, hauptsächlich aber wohl, um zu plündern, und viele der Besatzung, aber auch einige Passagiere, betranken sich. Es wurde festgestellt, dass außer den drei Verlorenen zu Beginn niemand ums Leben gekommen war. Die kommende Nacht verbrachte man auf den Felsen, ständig in der Furcht, vom Meer über- und weggespült zu werden.

Am Morgen des 26. gelang es einem Passagier, die Steilküste hochzuklettern, und der Besatzung gelang es, Leinen als Kletterhilfe anzubringen. Mit dieser Hilfe begaben sich mehrere Passagiere nach oben auf die Insel, wo sie Feuer entzündeten, die mögliche passierende Schiffe aufmerksam machen sollten. Allerdings brachte der Wind die Feuer rasch zu großer Ausbreitung und damit die oben befindlichen Personen in weitere Gefahr. Verpflegung wurde zugeteilt, und aus der Ladung des Schiffes leisteten wollene Goldgräberhemden und -Hosen den Schiffbrüchigen gute Dienste – jeder, Männer, Frauen und Kinder, kleidete sich damit ein.

Am 27. begaben sich alle auf die Klippen, viele der Frauen und Kinder wurden mit Seilen die fast senkrechten, etwa einhundert Meter hohen Wände hinaufgezogen. Es regnete viel, damit war aber auch die Frischwasserversorgung gewährleistet. Man verbrachte die kommende Nacht ungeschützt auf dem Plateau. Am folgenden Tag, einem Sonntag, wurden zahlreiche Jungvögel, die bei den verursachten Bränden ums Leben gekommen waren, eingesammelt, gekocht (oder auf andere Weise zubereitet) und aufgeteilt. Sie ergänzten so die kleinen Rationen des Schiffsproviants. Ein Zelt wurde errichtet, in dem in der folgenden Nacht die Frauen und Kinder Platz fanden, das jedoch während der Nacht durch stürmische Winde umgestoßen wurde.

Am 29. konnte man ein Schiff, die *Monmouth*, auf sich aufmerksam machen, welches sich jedoch aufgrund der Wetterlage nicht weiter nähern oder gar ein Boot an Land schicken konnte. Da noch nicht alles an gerettetem Proviant die Klippen hinaufgebracht worden war, spülte der Sturm in der kommenden Nacht vieles davon, was am 30. zu einer weiteren Reduzierung der Rationen führte.

Am 31. August näherte sich ein Boot und signalisierte, dass man sich entlang der Steilküste ostwärts begeben sollte. Enthusiastisch über die greifbar nahe Rettung vertilgte man die verbleibenden Lebensmittel, musste aber bald darauf feststellen, dass dies wohl zu früh gewesen war, denn der Weg erwies sich als sehr beschwerlich und erforderte eine weitere Übernachtung. Am 1. September trafen sie einen englischen Matrosen namens *Smith*, der von dem Kapitän *Isaac Ludlow* des Walfängers *Monmouth* aus *Long Island* (USA) zur Hilfe geschickt worden war. Er berichtete, dass *Ludlow* die Insel nicht verlassen würde, bevor nicht sichergestellt sei, dass alle in Sicherheit seien. Außerdem solle man sich zur Nordseite der Insel begeben, da andernorts keine Landung möglich sei. Es musste festgestellt werden, dass die Distanz zu groß war, um dies in einem Tag zu schaffen, gerade auch wegen der Kinder. Am 4. September fand man einige verwilderte Kohlpflanzungen, die nahezu die einzige Nahrung während dieser Tage darstellten. Am 5. September erst erreichte man das von Vorweggegangenen errichtete provisorische Lager genau zu einem Zeitpunkt, als Boote der *Monmouth* anlandeten. Die Schiffbrüchigen wurden von dem Kapitän und der Besatzung an Bord auf das Freundlichste empfangen und versorgt, der Berichtende betont dies mehrfach und ausdrücklich mit allergrößter Dankbarkeit. Lediglich der Steward mit der vier Jahre alten Tochter des berichtenden Passagiers und ein kranker Mann fehlten. Der Steward und das Mädchen wurden am kommenden Tag von vier Mann der Besatzung gefunden und an Bord gebracht. Erst am Folgetag, dem 9. September, brachten Besatzungsmitglieder den noch fehlenden kranken Mann an Bord, woraufhin man umgehend nach *Mauritius* aufbrach. Am 26. September wurde *Port Louis* auf *Mauritius* erreicht.

Die Schiffbrüchigen der *Meridian* hatten enormes Glück

im Unglück, denn die *Monmouth* war in diesem Jahr das einzige Schiff, welches in den Gewässern aktiv war, und hatte zudem noch die Schiffbrüchigen bemerkt.

Am 15. Februar 1855 strandete bei besten Wetterverhältnissen ein amerikanischer Walfänger, die *Tuscany* aus *Sag Harbour*, auf *Amsterdam.* Dessen Besatzung begab sich mit Gepäck und Proviant in einem Beiboot nach *Saint Paul,* wo diese ein Schiff aus *St. Denis* (*La Réunion*) trafen, welches sie kurz darauf nach *Mauritius* brachte. Dieser und ähnliche Schiffsverluste bei bestem Wetter vor der Küste *Amsterdams* führten rasch zu dem Verdacht des Versicherungsbetrugs, insbesondere bei älteren Schiffen.[1]

Nun häuften sich die Besuche der Insel. Die österreichische Fregatte *Novara* machte am 07.12.1857 kurz vor der Insel halt, von ihrem längeren Aufenthalt auf *Saint Paul* kommend. Der Reisebericht erzählt von der Anwesenheit von mindestens sechs amerikanischen Walfängern, die rund um die Insel mit Fangbooten Pottwale jagten. Zwei Landungen werden durch eine Delegation der *Novara* unter erheblichen Schwierigkeiten durchgeführt; im zweiten Fall gelingt es auch, über einen Uferstreifen hinauf auf die Insel zu klettern. Dichter gras- und binsenähnlicher Wuchs hindern jedoch an einem Weiterkommen. Ein unbedacht weggeworfenes Streichholz vor der Rückkehr an den Uferstreifen entzündet das Gras und wächst sich im Laufe der folgenden Nacht, lange nach Rückkehr an Bord des Schiffes, zu einem Flächenbrand von mehreren Meilen Ausdehnung aus – ein Schauspiel, dass der Verfasser des Berichts mit einem Vulkanausbruch vergleicht.[2]

Einige Jahre später, 1870, unternahm *Jean Louis Adolphe Heurtin*[3] mit seiner Familie, also seiner Frau *Marie Rose*[4] und

---

[1] Dr. Karl von Scherzer, *Reise der österreichischen Fregatte »Novara« um die Erde*, 2. Auflage, Wien, Druck und Verlag von Carl Gerald's Sohn, 1864, Band I, S. 239-240, im Folgenden abgekürzt mit »Novara«, vgl. Lit.-Verz. Nr. 8.

[2] Novara, S. 249 ff, vgl. Lit.-Verz. Nr. 8.

[3] *21.09.1836 Chantenay/F. – 14.12.1907 Combani/Mayotte.

[4] Geb. *Peneaux*, verw. *Clochard*, *07.06.1831 Sainte Rose – 08.07.1889 Saint Denis/*Réunion*, geheiratet am 06.06.1862. Daten aus der Kopie der Sterbeurkunde, Heirats-

drei (vermutlich aber mit allen) ihrer sieben Kinder (fünf gemeinsame und zwei Kinder aus erster Ehe der Frau), sowie sechs Knechten den ersten Besiedlungsversuch der Insel. Der Kapitän *Auguste Godefroy* berichtet lediglich von »9 Personen der Familie *Heurtin*, darunter Kinder im Alter von 3, 5 und 7 Jahren«, welche er ausgeschifft habe, und macht keine Angaben über eventuelle Arbeiter. Da die von dem Kommandant *Goodenough* später aufgefunden Schulbücher auch auf die Anwesenheit der älteren Töchter hindeuten, ist die Annahme, dass tatsächlich die ganze Familie auf *Amsterdam* landete und *Godefroy* die Angestellten nicht erwähnt, vertretbar.[1]

Die *Heurtin*s kamen am 26. Dezember 1870 mit der *La Sarcelle* unter Kapitän *Godefroy* auf die Insel, nachdem sie am 27. November 1870 mit dem Schiff *Réunion* verlassen hatten. Sie errichteten ein Steinhaus, welches am 19. April 1871 vollendet wurde[2], und begannen, den Boden zu kultivieren. Eine 1873 von dem Kommandant *Goodenough* (siehe nachstehende Beschreibung und Quellenangabe) in dem Gebäude aufgefundene »Tagebuchseite«, die am 27. Dezember beginnt und am 19. Januar endet, erwähnt gleich zu Beginn am 27. Dezember eine Hütte. Diese muss bei Ankunft der *Heurtin*s schon existiert haben, anders lässt sich die Erwähnung der Hütte in den Tagebuchseiten nicht erklären. Man nimmt an, dass die *Heurtin*s auch die Rinder auf die Insel brachten, was jedoch das Tagebuch *Heurtins*, soweit es bekannt ist, nicht belegen kann. Auszüge daraus, die in jüngster Zeit gefunden wurden, scheinen dies zu bestätigen, da darin der Tod wenigstens eines Arbeiters aufgrund von Hunger vermerkt ist, wiewohl an sich davon die Rede ist, man habe sich ab Ende Mai (31.) nur noch von der Jagd und dem Fischfang ernährt und ab Ende Juni (28.) fast nur noch vom Fischfang. Wären Rinder zu dieser Zeit auf der Insel gewesen (dazu noch erst mitgebrachte), dann hätte die Er-

urkunde und anderen recherchierten Dokumenten, zur Verfügung gestellt von dem Fotografen Bruno Marie (s. Lit.-Verz. Nr. 22).

[1] Ergänzt/überarbeitet durch die Informationen aus Lit.-Verz. Nr. 46.

[2] Vgl. Lit.-Verz. Nr. 46.

nährungslage eigentlich nicht so schlecht sein können.[1] Daher kann vermutet werden, dass die Rinder von irgendeinem Schiff erst später auf die Insel gebracht wurden. Da der Kapitän *Goodenough*, der die Insel fast exakt zwei Jahre nach der Abreise der *Heurtins* besuchte und eindeutig Spuren von Rindern vorfand, wäre dieser Zeitpunkt innerhalb dieser zwei Jahre anzunehmen. Aufgrund der fehlenden oder dürftigen Quellen kann jedoch auch nicht ausgeschlossen werden, dass die Rinder bereits vor den *Heurtins* auf der Insel waren.[2] Nachweisbar belegt ist, dass sowohl umfangreiches Saatgut verschiedenster Kulturpflanzen und Setzlinge von Bananen, Brotfruchtbäumen und Maniok mitgeführt und ausgebracht wurden als auch Nutztiere wie Schweine und Tauben, dazu allerlei andere Dinge, die man zum Errichten oder zum Ausbau des Hauses wie auch zum täglichen Leben für nötig erachtete.

Die Tagebuchauszüge berichten, dass der Arbeiter *Jaques Bastide* am 21. Februar 1871 verstarb und am 21. Mai ein *Jean Pierre Lorand*. Nachdem man sich ab Ende Mai nur noch von der Jagd und dem Fischfang ernährte, verließen (die verbleibenden) vier Arbeiter die Familie am 2. Juli. Am 29. Juli wurde einer davon, *Thomy Pierre Noyet*, ertrunken aufgefunden und am 9. August *Joseph Achille Marechal*, welcher »uns zweimal verlassen hatte«, der verhungert war. Im Rückschluss war dieser also zwischenzeitlich zurückgekehrt. Dies macht zusammen vier Personen – was aus den anderen zweien geworden ist, darüber geben die bekannt gewordenen Quellen keine Auskunft.[3]

Es erscheint offensichtlich, dass die Pflanzungen / der Ackerbau keinen hinreichenden Erfolg hatten, um die Familie und ihre Knechte zu ernähren, ja man letztlich nur von dem zu leben vermochte, was die Jagd (auf bspw. verwilderte Ziegen) und der Fischfang, sofern beides überhaupt gelang, eine Ernährungssicherung gewährleistete. Das Scheitern des Besiedlungsversuchs war also binnen kürzester Zeit zur Tatsache geworden.

---

[1] Vgl. Lit.-Verz. Nr. 46.
[2] Vgl. Lit.-Verz. Nr. 32.
[3] Vgl. Lit.-Verz. Nr. 46.

Die *Heurtins* bereiteten am 18. August 1871 die Einschiffung auf ein nicht bekanntes Fahrzeug vor, also nach knapp acht Monaten, und verließen *Amsterdam* am 19. August 1871.[1] Sie kehrten vollkommen mittellos nach *Réunion* zurück.[2] Möglicherweise kehrte *Heurtin* zwischen 1873 und 1893 erneut nach *Amsterdam* zurück, hierfür gibt es jedoch keine Belege. Belegt ist lediglich sein Ersuchen aus dem Jahr 1893, dorthin zurückkehren zu dürfen, als für den Fischfang bei den Inseln eine Konzession erteilt wurde, welchem jedoch nicht entsprochen wurde.[3]

Am 30. August 1873 besuchte die *HMS Pearl* unter Kommandant *Goodenough Amsterdam* und verweilte hier kurz. Die Hütte, oder besser das Wohnhaus, der Familie *Heurtin* befand sich noch in einem sehr guten Zustand, und man fand noch allerhand zurückgelassene Papiere, Bücher und Hausrat.[4] Auf *Amsterdam* tragen seitdem zwei Kaps die Namen des Kommandanten *Goodenough* und seines Navigations-Leutnants *Hosken*. Letzterer vervollständigte die zuvor von *Beautemps-Beaupré* bereits 1792 vorgenommenen kartografischen Erfassungen der Küstenlinie *Amsterdams*.

Im Dezember 1874 (und nochmals im Januar 1875 auf der Rückreise nach *Réunion*) besuchte der Naturalist *Ch. Vélain* mit zwei anderen Wissenschaftlern die Insel von *Saint Paul* aus und fertigte nach seinen Streifzügen durch das Innere *Amsterdams* eine erste topografische Skizze der Insel an. Das Haus der Familie *Heurtin*, noch immer in sehr gutem Zustand, diente als Unterkunft. Beide Aufenthalte waren jedoch wetterbedingt nur kurz, und auch während der Aufenthalte behinderten vor allem starke Nebel die Erkundungen. Dennoch schaffte man

---

1 Vgl. Lit.-Verz. Nr. 46.

2 Mehr Details über *Heurtin*: EBM, S. 338, vgl. Lit.-Verz. Nr. 22 und SAV, S. 63-64, vgl. Lit.-Verz. Nr. 21.

3 Vgl. Lit.-Verz. Nr. 46.

4 *Journal of Commodore Goodenough, during his last command as senior officer on the Austra-lian station, 1873-1875. Ed., with a memoir, by his widow*, Ed. Henry S. King & Co, *London* 1876, S. 172-179, vgl. Lit.-Verz. Nr. 32. Insbesondere die hierin enthaltenen Angaben über aufgefundene alte Schulbücher ermöglichten es später dem Fotografen *Bruno Marie* die vollständigen Namen und Lebensdaten der Familie *Heurtin* unzweifelhaft zuzuordnen.

es, auf der Insel zahlreiche bemerkenswerte Punkte zu erkunden, und *Vélain* benannte viele davon. So gehen bspw. die *Cratères Dumas*, der *Mont du Fernand* oder der *Mont de la Dives* (u. a. m.) auf seine Benennung zurück.[1]

Das Fischereischiff, mit dem *Vélain* nach *Amsterdam* übersetzte, die *Le Fernand*, verunglückte am 16. Januar 1876 vor *Amsterdam*, mit wenigstens 13 Toten und nur drei (bei *Vélain*: nur zwei) Überlebenden, darunter der Kapitän *Hermann*[2].

Die Besitzverhältnisse waren trotz der Inbesitznahme durch *Frankreich* im Jahre 1843 noch nicht geklärt, da diese nicht ratifiziert worden war. Da nach der Reise der *Novara* in *Kapstadt* das Gerücht umging, die Inseln seien englisch und unter der Verwaltung des Gouverneurs von *Mauritius*, wurde im Oktober 1892 von *Frankreich* der Auftrag zu einer offiziellen Annektierung gegeben.

Der damit beauftragte Aufklärer *La Bourdonnais* konnte wegen der schlechten Wetterverhältnisse jedoch keine reguläre Landung ausführen. Es gelang einem Offizier und zwei Matrosen, schwimmend vom Schiff auf die Insel überzusetzen und mittels eines Taus den Flaggenmast und was zu seiner Errichtung nötig war, vom Schiff hinüberzuziehen und so am 27. Oktober 1892 die offizielle Inbesitznahme zu vollziehen.[3]

Am 22. Januar 1893 machte der Aviso *Eure*, ein kleines, schnelles Kriegsschiff, halt vor *Amsterdam*. In einer Grotte neben einer bestehenden Hütte wurde ein Nahrungs- und Nothilfematerial-Depot angelegt, wie schon zuvor auf *Saint Paul*.[4] Dieses Lager bestand noch, als 1950 die meteorologische Station errichtet wurde, wurde aber zu diesem Zeitpunkt dann aufgelöst.[5]

Am 4. Januar 1899 besuchte die *Valdivia*, ein deutsches Forschungsschiff, die Insel. Der Frischfleischvorrat des Schiffes

---

1 Vgl. Lit.-Verz. Nr. 24, 2e partie.

2 SAV, S. 67-69, vgl. Lit.-Verz. Nr. 21.

3 SAV, S. 88, vgl. Lit.-Verz. Nr. 21.

4 SAV, S. 92, vgl. Lit.-Verz. Nr. 21.

5 TAAF Revue No. 12, Paris 1960, Paul Martin de Viviès, *Il y a dix ans... à la Nouvelle-Amsterdam*, vgl. Lit.-Verz. Nr. 31.

Die Station *Martin de Viviès* 2013.
© Bruno Marie, http://seaview.photodeck.com/

wurde durch die Jagd auf die Rinder aufgestockt. Das von der *Eure* hinterlassene Nahrungsmitteldepot wurde begutachtet und festgestellt, dass dasselbe in der Zwischenzeit besucht worden war.[1]

Schließlich erfolgte doch noch die »Besiedlung« von *Amsterdam*. Die Engländer, die im 2. Weltkrieg bereits die Idee hatten, auf *Saint Paul* eine meteorologische Station zu errichten, ließen diesen Plan nach dem Kriegsende fallen.[2] Die Franzosen

[1] Carl Chun, S. 278-183, vgl. Lit.-Verz. Nr. 2.
[2] Terres Australes, S. 20, vgl. Lit.-Verz. Nr. 6.

Andere Ansicht der Station *Martin de Viviès* 2013.
© Bruno Marie, http://seaview.photodeck.com/

griffen ihn jedoch auf und am 31. Dezember 1949 erreichte eine Mission des Französischen Nationalen Meteorologischen Dienstes unter der Leitung von *P. de Martin de Viviès* die Insel *Amsterdam*. Am 1. Januar 1950 betrat man die Insel und begann, die mitgebrachten Materialien anzulanden. Gleich an diesem Tag begann man, mit Sprengungen einen Weg von der natürlichen, ca. 40 m langen Lava-Mole aus ins Inselinnere zu schaffen, um angelandetes Material möglichst rasch von der Mole weg auf das sicherere und trockenere Land zu bringen. Mit wetterbedingten Unterbrechungen dauerte das Anlanden des Materials für die geplante Station bis zum 26. Januar – der daraufhin als Jahrestag der Insel *Amsterdam* deklariert wurde. Ein Matrose kam während der Anlandungstätigkeiten ums Leben, als er mit einem Paket Stahlblech ins Meer fiel. Gut weitere drei Wochen dauerte es, bis aus dem Zeltlager eine Station mit festen Gebäuden geworden war, und am 11. März ging die Radiostation in Betrieb.[1]

Seither arbeitet die meteorologische Station, in der sich ebenfalls eine gut ausgerüstete Krankenstation sowie eines der wenigen »Postämter« der TAAF befinden, ohne Unterbrechung mit wechselnder Besatzung von 34 Männern (1990; ca. 25 Personen 1997), davon vier in der Sektion Meteorologie. Die Ablösung erfolgt jährlich gegen Ende November mit dem Versorgungsschiff *Marion Dufresne* von *Réunion* aus.

Das eher als Langzeit-Provisorium angelegte *Camp Heurtin* der Anfangsjahre mit vorgefertigten Blechbaracken wurde über sieben Jahre hinweg von 1956 an nach und nach in eine Station bzw. ein regelrechtes Dorf mit Gebäuden aus festem Mauerwerk umgebaut. Diese neue Station wurde *La Roche Godon* getauft.[2] Nachdem der Leiter der ersten Mission 1972 verstorben war, wurde ihm zu Ehren die Station nach ihm benannt: *Martin de Viviès*.[3]

Das Areal der Station umfasst etwa 4.800 m². Die Energieversorgung der Station erfolgt mittels Dieselgeneratoren einer Leistung von 90 KWA (1997, eine Verstärkung war geplant).[4] Inzwischen (2022) erfolgt die Stromversorgung hauptsächlich über Solarenergie.

Die Versorgung mit Trinkwasser erfolgt durch Regenwasserzisternen, die Verpflegung besteht aus Konserven, Gefrierware, Langusten und früher Rind als Frischgut.

Der Name der Insel wurde 1966 amtlich von *Nouvelle Amsterdam* in *Amsterdam* geändert, so dass heute i. d. R. von der Île Amsterdam die Rede ist.[5]

---

[1] TAAF Revue No. 12, Paris 1960, Paul Martin de Viviès, *Il y a dix ans... à la Nouvelle-Amsterdam*, vgl. Lit.-Verz. Nr. 31.

[2] Bedeutet: Der beschriebene (oder beschriftete) Stein. Fast alle »Graffiti«, also Schriftgravuren in Stein, finden sich auf *Amsterdam* im nahen Umfeld zur natürlichen Mole und damit im Bereich der Station.

[3] SAV, S. 141 ff., vgl. Lit.-Verz. Nr. 21.

[4] Quelle: Handschriftliche Informationen, Klimatabellen sowie ein Jahresreport von 1991 der Insel *Amsterdam* des Französischen Meteorologischen Dienstes (METEO FRANCE), Paris und *Réunion*. Im Folgenden abgekürzt mit »METEO FRANCE«, vgl. Lit.-Verz. Nr.12.

5 EBM, S. 322, vgl. Lit.-Verz. Nr. 22.

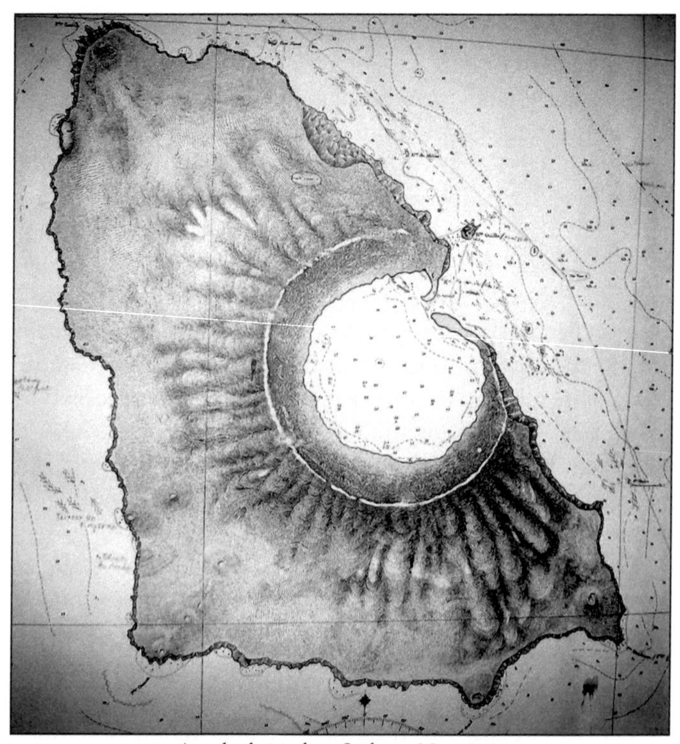

Aus der britischen Seekarte Nr. 1921.

2. *Saint Paul*

2.1 Geografie

Die Insel *Saint Paul* befindet sich ca. 90 km südlich von *Amsterdam* auf 38°43‘ südlicher Breite sowie 77°32' östlicher Länge. Die Fläche der Insel umfasst 7 km² mit einer Länge von Nordwesten nach Südosten von etwa 5 km und einer Breite von 3 km. *Saint Paul* ist ebenfalls ausschließlich vulkanischen Ursprungs, und deutlicher lässt dies kaum eine andere Insel auf der Erde erkennen. Denn die in ihrer Form annähernd drei-

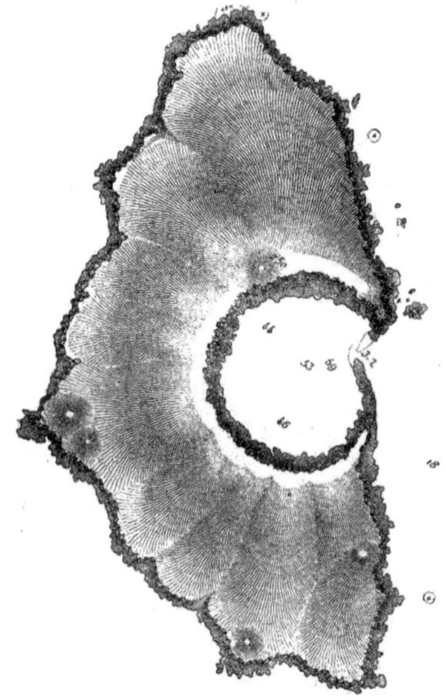

Fig. 32— Ile de Saint-Paul.

Aus »Les Phénomènes Terrestres – Les continents« von *Élisée Reclus*, Hachette, Paris 1874.

eckige Insel hat in ihrem Zentrum einen fast kreisrunden Krater, in den das Meer eingedrungen ist.

Saint Paul lässt sich ebenfalls in zwei Entstehungsphasen unterteilen, ist jedoch deutlich jünger als *Amsterdam*. Die erste Phase lag vor etwa 500.000 Jahren, die Spuren deren Paleo-Vulkans sind heute an der Nordostküste der Insel erkennbar. Die zweite Phase datiert etwa 40.000 Jahre zurück und ist durch den heutigen Krater belegbar. Die Fumarolen und heißen Quellen sind die letzten Belege einer ruhenden vulkanischen Aktivität.[1] Tatsache ist, dass noch (oder erneut) 1792 abklingende vulkanische Aktivität bei den Vulkanschlackekegeln im Westen (*Quatre Collines*) bestand. Wie weit die Entstehung der Kegel davor zurückzudatieren ist, ist fragwürdig, denn solange durch

[1] SAV, S. 12, vgl. Lit.-Verz. Nr. 21.

Andere Ansicht der Insel *Saint Paul.*

Die Insel *Saint Paul*.

© Bruno Marie, http://seaview.photodeck.com/

Ansicht aus dem Buch der Reise der »Novara«.

Spalten noch Hitze nach oben dringt, kühlen diese nicht wirklich ab. Möglicherweise könnte die Aktivität aber nur Jahre oder Jahrzehnte zuvor gelegen haben, d. h. sie könnten theoretisch noch um 1790 entstanden sein. Der einzige ausführlichere Bericht vor dieser Zeit, von *Willem de Vlamingh* 1696, gibt hierüber keine Auskunft – es wird dort nur über die heißen Quellen im Kratersee berichtet, nicht aber über diese Kegel – Details dazu siehe etwas weiter unten.

Geologisch deutet vieles darauf hin, dass der jüngere Vulkan (also der mit dem heutigen Krater), nachdem er erst einmal über die Wasseroberfläche hinausragte, ein eher ruhiger »Kochtopf« war, über dessen Ränder die Lava lange kontinuierlich überfloss und so die recht gleichmäßige Form der heutigen Insel verursachte. Mit der Zeit bahnten sich dann auch weiter entfernt kleine Nebenkrater ihren Weg durch die gleichmäßig anwachsende Oberfläche – die kleineren Nebenkrater- und Nebenkraterreste an den heutigen Außenkanten der Insel.[1]

Die Kraterlagune, welche eine Tiefe von 60 m erreicht, hat einen Durchmesser von rund 1.200 m. Sie ist von den steil aufsteigenden Kraterwänden umgeben, welche mit Ausnahme der zum Meer hin offenen Seite überall weit über 200 m hoch sind und im Norden in dem höchsten Punkt der Insel von 268 m Höhe enden. Diese Wände sind nur schwer und nur an einigen wenigen Stellen zu ersteigen. Die zum Meer hin offene Seite des Kraters hat eine Länge von etwa 600 m. Der Durchlass für das Meer ist jedoch durch zwei Kiesbänke (Barren), die von jeder Kraterseite aus aufeinander zulaufen, auf eine Breite von rund

[1] Vgl. Lit.-Verz. Nr. 25, 2e partie.

Die Insel *Saint Paul.*
© Bruno Marie, http://seaview.photodeck.com/

80 m beschränkt. Die Durchfahrtstiefe beträgt etwa 0,80 m bei Ebbe und 2,50 m bei Springflut. Diese Passage war bei *de Vlaminghs* Besuch 1696 und auch noch bei dem Besuch von *Godlob Silo* 1754 durch einen fünf Fuß hohen Damm unpassierbar und scheint erst kurz vor dem Besuch der *Mercury* unter dem Kapitän *John Henry Cox*, wenngleich nur mit sehr geringer Wassertiefe, im Juni 1789[1] passierbar geworden zu sein.[2]

[1] Vgl. Lit.-Verz. Nr. 24.
[2] Novara, S. 218/ 219, vgl. Lit.-Verz. Nr. 8, sowie:
de la Rüe, E. Aubert, *Les années tragiques de l'île Saint Paul (1928 - 1931) et quelques apercus historiques de la pêche autour de l'île*, Revue T.A.A.F. Nr. 55 und 56, S. 6, 1971, Paris, im Folgenden abgekürzt mit »de la Rüe«, vgl. Lit.-Verz. Nr. 7.

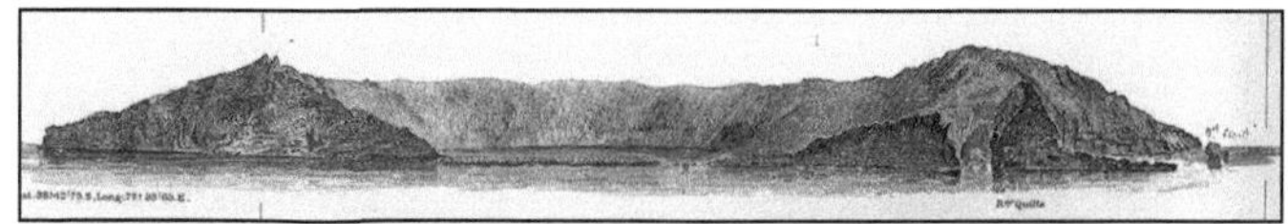

Aus der britischen Seekarte Nr. 1921.

Basierend auf der Annahme, dass noch möglicherweise um 1790 eine Phase vulkanischer Aktivität auf der Insel bestand, und welche sich nach den existierenden Berichten vor allem in drei Bereichen deutlich bemerkbar machte, nämlich: a) der Richtung des Verlaufs der *Quatre Collines*, b) dem bis heute aktiven Bereich im Hang des Kraterrands im westlichen Teil des Kratersees, der ursprünglich hinauf bis auf das Plateau in west-nordwestlichem Verlauf reichte, und den c) berichteten Fumarolen an der südöstlichen Abbruchkante sowie den heißen Quellen im Bereich der nördlichen Barre, spricht vieles dafür, dass etwa mittig durch die Insel hindurch eine Art thermische Fraktur verlief. Mittig bedeutet aber auch eben genau jener Bereich, der ab etwa 1789 die Öffnung in der Barre betrifft. Während in verschiedenen Quellen die Rede davon ist, die Barre sei nach einem schweren Sturm passierbar geworden, lassen die vorangehenden Überlegungen auch den Schluss zu, dass die Öffnung der Barre ihre Ursache in der vulkanischen Aktivität jenes Zeitraums haben könnte. Wie ist es denn bei dem eigentlich bereits erloschenen oder doch zumindest ruhenden Vulkan überhaupt zu dieser jüngsten Aktivität gekommen? Naheliegend ist der Verdacht auf beispielsweise ein heftiges Erdbeben, welches seinen Ursprung in größeren Tiefen gehabt haben mag, durch dessen aufgerissene Spalten geologisch geringe Mengen an Hitze und Magma nach oben drangen, welche nicht nur die Aschekegel und heißen Zonen der Insel verursachten, sondern auch die Barre öffneten …[1]

Beim Vergleich von Fotos jüngeren Datums (nach 2010)

[1] Dieser Abschnitt stellt eine rein persönliche Interpretation des Verfassers dar, aufgrund der von ihm als Tatsachen angesehenen Umstände auf Basis der Quellenlage, ohne eine belegbare Grundlage zu haben.

Insel St. Paul.
Ansicht aus dem Buch der Reise der »Novara«.

scheint mir die südliche Kiesbarre »dünner« geworden zu sein, sie ist da oftmals in weiten Teilen in ihrem schmaleren Bereich regelrecht überspült. Ob dies nun gegenüber anderen (und älteren Fotos) daran liegt, dass diese Bilder bei Hochwasserständen aufgenommen wurden, oder ob die südliche Barriere tatsächlich an Masse abgenommen hat, kann ich nicht beurteilen. Dass die südliche Barre niedriger und bei stürmischer See regelmäßig überspült wird, findet sich aber bereits in historischen Berichten.

Saint Paul ist wie *Amsterdam* im Übrigen von einer Steilküste umgeben, die an der Ostküste wie die Kraterwände bis zu 200 m und sonst im Schnitt etwas über 30 m hoch ist. Im Allgemeinen heißt es, außer über einen steilen Pfad oberhalb des »Siedlungsbereichs« am Nordrand des Kratersees gäbe es keine Möglichkeit, auf die Inseloberseite zu gelangen. In der nach dem Kapitän *Péron* gezeichneten Karte sind jedoch neun Punkte außerhalb des Kraters und zwei Punkte an der Kratersüdseite als »Zugangspunkte in den Steilwänden« verzeichnet. In den Berichten der *Novara* heißt es, der einzige außen zugängliche

Punkt befände sich in der *Pinguin-Bai* gegenüber dem *Ninepin-Rock* und würde von den Pinguinen genutzt, um nach oben zu kommen.[1] Bei *Vélain* werden die Punkte *Pérons* bestätigt, allerdings nur für sehr geschickte Kletterer als geeignet angesehen, die beiden Punkte an der Südseite des Kraters nur für den Abstieg, nicht für den Aufstieg als tauglich beurteilt. Auch die Schiffbrüchigen der *Zuiho Maru No. 58* gelangten 1995 über die Steilwände im Nordwesten der Insel nach oben (siehe hierzu Ende des Kapitel 2.2).

Die Küste vor *Saint Paul* weist an einigen Stellen einzelne Riffe auf; außerdem befinden sich vor der Nordküste ein Felsen namens *Ilot du Nord* und vor der Ostküste der *Rocher du Milieu* und der *Roche Quille*, auch *Ninepin* genannt, der eine Höhe von 85 m hat.

Die Insel fällt vom Kraterrand zu den Katheten ihrer Dreiecksform recht gleichmäßig ab, wobei durch den Verlauf ehemaliger Lavaströme an den Hängen abwechselnd Buckel und Rinnen entstanden sind. Auch einige kleinere Nebenkrater, vor allem die *Les Quatres Collines* benannten im Südwesten, sind auf der Insel zu finden. Im Gegensatz zu *Amsterdam* gibt es auf *Saint Paul* auch heute noch Zeichen vulkanischer Aktivität. An einigen Stellen der Insel, insbesondere an und in einigen Fällen auch etliche Meter oberhalb der Wasserlinie der Kraterwestseite, finden sich heiße Bodenzonen, aus denen teilweise heiße Wasserdämpfe mit leicht schwefeligem Geruch aufsteigen (*Charles Vélain* stieß 1874 eine Eisenstange einen Meter tief in den Boden und maß nachher nach dem Herausziehen über 212 °C[2]), sowie heiße Thermalquellen, die teils als Süßwasser, teils mit brackigem Geschmack austreten. Die Quellen können bis zu 100 °C heiß sein, sind jedoch meist nur bei Ebbe zu finden, da sie bei Flut unter dem Meeresspiegel liegen. Einige der Stellen können sogar dem Garen von Essen dienen, nahezu jede frühere Expedition (angefangen mit der Expedition *de Vla-*

[1] Vgl. Lit.-Verz. Nr. 8b.
[2] Vgl. Lit.-Verz. Nr. 25.

minghs) machte sich einen Spaß daraus, frisch gefangene Langusten und Fisch direkt mit der Angel oder dem Kescher vom kalten in ein zuvor vorbereitetes Bassin mit kochendem Wasser zu ziehen und damit zugleich zu töten und zu garen, ohne das Tier auch nur aus dem Wasser geholt zu haben. An anderen heißen Stellen auf der Insel herrscht(e) bereits 10 cm unter der Erdoberfläche eine Temperatur von 85 Grad Celsius.[1] Auch auf dem Plateau gab es zum Besuchszeitpunkt der *Novara* heiße morastige Bodenzonen, die man nur in der Gefahr, »mehrere Fuß tief« einzusinken, passieren konnte.[2] Dieser Bereich ist in der geologischen Karte der Expedition in roter Schraffur eingezeichnet, ein schmaler, aber langgezogener Streifen, der von den (auch in der modernen topografischen Karte eingezeichneten) Quellen an der Westseite des Kraterufers nordwestlich bis nordwärts über den Kraterrand hinaus unter dem südlichen Teil des Plateaus verläuft bis etwa zu dem Bereich, wo das Gefälle wieder zunimmt. Auf der Karte *Pérons* ist dieser Bereich als »Vulkan ohne Ausbrüche« aufgrund dortiger starker Rauchausstöße eingetragen. Diese Zone findet sich ebenfalls auf der Karte der Venuspassagen-Expedition von 1874 eingezeichnet. *Charles Vélain* berichtet allerdings in einem seiner Texte, dass bei seinem Besuch 1874 auf dem Plateau keinerlei vulkanische Aktivität mehr vorzufinden war und sich die vulkanische Restaktivität auf den unteren Bereich des Kraterhangs und die heißen Quellen sich an (bei Flut unter) der Wasserlinie des Ufers beschränken.[3] In der Karte der Expedition findet sich eine Vielzahl von heißen Quellen oder Stellen mit Dampfaustritt (Fumarolen) verzeichnet, die meisten davon im Uferbereich an der Kraterwestseite eben südlich dieser Zone (12 Stück), vereinzelte weitere im Uferbereich an der Kraternordseite (5 Stück) bis auf die Nordmole (4 Stück) und sogar außerhalb des Kratersees südöstlich der Südmole im Meer (5 Stück, laut *Vélain* in einer Tie-

---

[1] Tollu, Benoit, *Installation d'une base temporaire à l'île Saint Paul*, Revue T.A.A.F. Nr. 64, S. 26, im Folgenden abgekürzt mit »Tollu, Benoit«, vgl. Lit.-Verz. Nr. 9.

[2] Novara, S. 226, vgl. Lit.-Verz. Nr. 8.

[3] Vgl. Lit.-Verz. Nr. 25.

fe von 10 bis 20 m gelegen).[1] Sowohl die heißen Quellen als auch die Fumarolen sind unterschiedlicher Natur, viele mit ätzenden Stoffen durchsetzt und damit gefährlich, andere nur sehr mineralisch. Ein oder zwei Süßwasserquellen sollen sich nach einigen Berichten ebenfalls auf *Saint Paul* befinden, andere historische Quellen bestreiten wiederum die Existenz von Süßwasserquellen. Die Karte der Venuspassagen-Expedition von 1874 verzeichnet (und *Vélain* beschreibt) eine Süßwasserquelle eben etwas nördlich (hangabwärts) des Punktes, an dem man von der Nordmole aus den Krater-Oberrand erreichen kann.[2] Der Kapitän *Péron* berichtet, dass es neben einigen Wasserläufen, die nach Regenfällen auftreten, eigentlich nur eine als Trinkwasser nutzbare Quelle gibt: Er grub unterhalb einer der mineralischen Thermalquellen am Kraterrand ein kleines Becken aus, in welches das Wasser bei Ebbe aus der Quelle hineinfloss. Es war noch sehr warm und stark mineralhaltig. Man schöpfte das Wasser ab und ließ es 24 h in Steinkrügen ruhen, bis sich die Mineralien weitestgehend abgesetzt hatten. Laut *Péron* erhielt man dann ein gutes Mineralwasser. Man kann bezüglich der Süßwasserfrage auf der Insel vermutlich sagen, dass es nach stärkerem oder länger anhaltendem Niederschlag so etwas wie kleine Quellen oder Wasserrinnsale an den Hanglagen gibt, diese aber nicht von Bestand sind.

Auch berichtet *Péron* von Rauchaustritten (Fumarolen) an einigen Stellen an der Küste im Südwesten der Insel[3], welche die Besucher der *Lion*, der *Indostan* und der *Jackall* 1793 zu der Bemerkung veranlassten, die Insel langfristig als gefährlich anzusehen. In dem Bericht der Engländer ist die Rede von »Flammen bei Nacht« und »Rauchfahnen bei Tag«, die vom Deck der Schiffe aus beobachtbar gewesen sein sollen. Bei einem Besuch der *Quatre Collines* (die »Vier Hügel«, eigentlich Vulkanschlackekegel) im Südwesten der Insel wurden diese noch ohne Bewuchs und der Boden im Inneren der Krater heiß vorgefun-

[1] Vgl. Lit.-Verz. Nr. 24.
[2] Vgl. Lit.-Verz. Nr. 24.
[3] Vgl. Lit.-Verz. Nr. 9a, Bd. 1, Kap. XIII, S. 211.

Ansicht aus dem Buch der Reise der »Novara«.

den. Ein an die Schlackenoberfläche gehaltenes Thermometer zeigte 180 Grad Fahrenheit (82 °C), in den Boden gesteckt wurden 212 °F (100 °C) gemessen – allerdings war das Thermometer auf diesen Wert begrenzt und konnte nicht mehr anzeigen. Aus zahlreichen Spalten strömten heiße Dämpfe hervor, der Boden zitterte, und ein kräftig auf den Boden geworfener Stein erzeugte einen hohlen Klang. Es sei davon auszugehen, dass die vulkanischen Eruptionen, die den Schlackenhügeln zu Grunde liegen, noch nicht lange her sein könnten.[1] Wohl hierauf basierend, und vermutlich falsch übersetzt oder zitiert, findet man in heutigen Quellen noch Anmerkungen, es seien an der Südwestflanke der Insel zuletzt 1793 kleine vulkanische Eruptionen beobachtet worden. Dies ist bei korrekter Lesung des Berichts von *Péron* nicht der Fall, was bedeutet, dass »vulkanische Eruptionen« schlicht übertrieben sein dürften und von Menschen nie auf der Insel beobachtet wurden. Die Expedition der

[1] *An authentic account of an embassy from the King of Great Britain to the Emperor of China; ...*, by Sir George Staunton, George Macartney, Sir Erasmus Gower; Volume I, Printed by Av. Bulmer and Co. for G. Nicol, Bookseller to his Majesty, Pall-Mall, 1797; S. 214, vgl. Lit.-Verz. Nr. 33.

On the west and south-west sides there are four small cones, regularly formed, with craters in their centers, in which the lava and other volcanic substances, have every appearance of recent formation. The heat continues still so great, and such a quantity of elastic vapours issues through numberless crevices, that there can be no doubt of their having been, very lately, in a state of eruption. In a thermometer, placed upon the surface, the quicksilver rose constantly to one hundred and eighty degrees, and when sunk a little into the ashes, it advanced to two hundred and twelve degrees. It certainly would have risen still higher, but the scale being graduated only to the point of boiling water, and the length of the tube proportioned to that extent, the thermometer was immediately withdrawn, lest the increasing expansion of the quicksilver should burst the glass. The ground was felt tremulous under the feet ; a stone thrown violently upon it returned a hollow sound ; and the heat was so intense, for a considerable distance around, that the foot could not be kept for a quarter of a minute in the same position, without being scorched.

Novara konnte bei ihrem Besuch 1857 keinerlei Bodenwärme, Rauch oder ähnliches bei den *Quatre Collines* mehr feststellen, wohl aber noch auf dem nördlichen Plateau. Beim Lesen originaler Berichte[1] aus verschiedenen Epochen muss man allerdings feststellen, dass die Anzahl heißer Quellen und Rauchaustritt-Stellen umso größer gewesen sein muss, je weiter man in der Zeit zurückgeht. So ist im Bericht der *Novara* zu lesen, dass auch an mehreren Punkten der nördlichen Barre extrem heiße Quellen zu finden waren, dies gilt auch noch für den Aufenthalt der französischen Mission zur Venusbeobachtung 1874, während in jüngeren Berichten davon nicht mehr die Rede ist. Anders gesagt: Die Insel ist seit ihrer Entdeckung zunehmend erkaltet. Diese Annahme könnte auch für *Amsterdam* zutreffen, ist doch in frühen Berichten wiederkehrend die Rede von »Dämpfen«, die auch auf *Amsterdam* beobachtet worden sein sollen. Die Annahme des Erkaltens wird durch *Ch. Vélain* ebenfalls bestätigt. So bemerkt er, dass die noch 1857 festgestellte heiße Zone auf dem Plateau bei seinem Besuch 1874 nur noch anhand einiger typischer Pflanzen und bestenfalls geringfügig wärmeren Bodens zu identifizieren war und dass die Quellen am Kraternordrand, bei denen noch 1789 (*Cox*) und 1793 (*Macartney*) 87 bis 95 °C gemessen wurden, jetzt nicht mehr als 71 °C heiß waren. Und selbst die 1857 (*Novara*) gemessenen Quellen waren inzwischen allesamt einige Grad kälter. Auch seien die 1793 berichteten »Rauchfahnen« vor allem an den Hängen der Nordost- und Südostküste geologisch nachvollziehbar.[2]

Ein bemerkenswertes Abweichen von den vorherigen Feststellungen weisen jedoch die Berichte der Expedition *de Vlaminghs* 1696 auf. Hier wird zwar von den zahlreichen Quellen und heißen Stellen im Krater berichtet, nicht aber auf der Insel-

[1] Dank Internet gelingt es heutzutage, zahlreiche zum Abdruck gelangte Berichte zu finden und zu lesen, bspw. den Bericht in der vorhergehenden Fußnote von 1793; den Bericht des Kpt. Tinot von der *La Mouche*, die während der Fischereisiedlung in den 1840ern die Verbindung zu *La Réunion* unterhielt; u. a. m.

[2] Vgl. Lit.-Verz. Nr. 24, 2e partie.

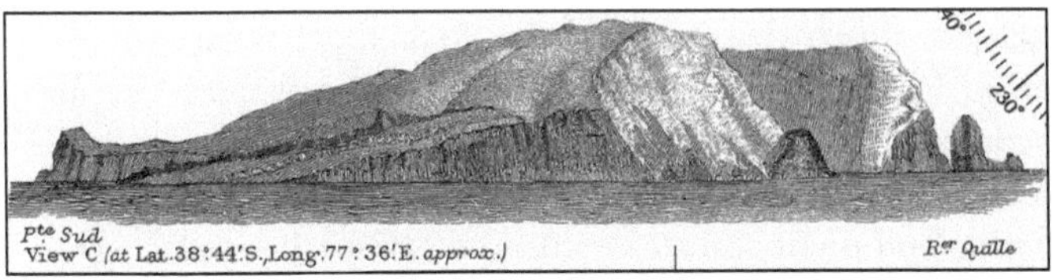

Aus der britischen Seekarte Nr. 1921.

oberfläche, obwohl diese mehrfach von Nord nach Süd und zurück begangen wurde. Die *Quatre Collines* sind doch eigentlich auffällig; dass sie in dem Bericht nicht erwähnt werden, ist befremdlich. (Andererseits erwähnt *Péron* die Kegel auch nur im Zusammenhang mit deren Aufsuchen zusammen mit den Engländern, obgleich er bereits bei seinem ersten Rundgang über die Insel, über den er berichtet, dicht an den Kegeln vorbeigekommen ist. Den Seemann und Robbenjäger scheinen derartige Dinge wenig berührt zu haben, wenngleich er die Kegel auf seiner Karte eingezeichnet hat. Insofern ist auch eine fehlende Erwähnung 1696 nicht überzubewerten.) Auch auf den Aquarellansichten ist nichts davon erkennbar – allerdings sind diese aus großer Distanz und wenig detailreich gestaltet. Die abgebrochenen Kegel des West- und des Südkaps hingegen sind klar erkennbar, sie müssen also bereits zu jener Zeit existiert haben. Wobei der Kegelkrater am Westkap, also der äußerste der vier Hügel, noch auf der geologischen Karte von 1874 geschlossen gezeigt wird, während der Kegel heute zur Seeseite aufgebrochen ist (was bedeuten würde, dass seither dort ein Stück ins Meer abgebrochen sein muss). Dies schließt natürlich nicht aus, dass die drei weiter innen liegenden Kegel erst später entstanden sein könnten. Wenn diese Aschekegel rund 100 Jahre später bei dem Aufenthalt von *Péron* und dem Besuch der *Jackall* und der *Lion* (1793) auffallend heiß und sogar rauchend waren, **dann kann man tatsächlich annehmen, dass diese erst irgendwann im Zeitraum zwischen 1697 und 1788 entstanden sind!** Wenn man nicht sogar mutmaßen könnte, dass der im August 1791 von *C. Seabury* berichtete Inselbrand seine Ursache nicht in »achtlosem Umgang mit Feuer«, wie er schreibt, sondern durch den Auswurf der Aschekegel verursacht wurde … (siehe hierzu weiter unten im Abschnitt 2.3). **Was aber bedeuten würde, dass die letzte vulkanische Aktivität in diesem Zeitraum stattgefunden haben muss. Und dann wäre *Saint Paul* nicht zuletzt vor rund 40.000 Jahren aktiv gewesen, sondern vor weniger als 250 Jahren!** Eine modernere Quelle setzt die letzte vulkanische Aktivität, eben jene der heißen Bodenzone auf dem Plateau, ebenfalls auf das Jahr 1792 an.[1]

Es wurde nun schon verschiedentlich von historischen Karten oder Bildern der Inseln berichtet. Zum besseren Verständnis und als Überblick hier eine kurze Listung früher Karten und Abbildungen:

1) Im Portolan von *Evert Gysberth* von 1559 wird eine Insel auf 38° S erwähnt bzw. verzeichnet, die das Schiff *São Paulo* gemeldet habe. (Ein Portolan ist eigentlich eine Art nautisches Handbuch, der Begriff wurde später auch für frühere Seekarten verwendet. Hier ist nach den meisten Quellen tatsächlich wohl gemeint, dass die Insel auf einer solchen Seekarte verzeichnet ist.)

2) Das Schiff *t' Wapen van Delft* passiert *Saint Paul* am 25. Dezember 1626 und überliefert neben einer kurzen Beschreibung eine Karte des Umrisses der Insel und eine Ansicht, beides ist jedoch nicht als *Saint Paul* zu erkennen. (Näheres siehe unter Geschichte der Insel.)

3) *Amsterdam* und *Saint Paul* werden als Bild (von See gesehen, *Amsterdam* wohl von Nordwesten, *Saint Paul* von Norden) in dem Journal des Generalgouverneurs *Anthony van Diemen* 1633 wiedergegeben.

4) Vom Besuch *Willem de Vlaminghs* 1696 gibt es Aquarell-

[1] http://www.amaepf.fr/amsterdam

zeichnungen beider Inseln sowie einen Stich, die alle sehr akkurat das Erscheinungsbild der Inseln zeigen.

5) Die früheste richtige überlieferte Karte *Saint Pauls* (Krater und Seeseite) stammt von dem Kapitän *Godlob Silo*, der mit dem Schiff *Drie Heuvels* auf dem Weg von *Kapstadt* (Abfahrt 04.02.1754) nach *Batavia* (Ankunft 20.05.1754) *Saint Paul* passiert hat. Die Karte zeigt deutlich die geschlossene Barre vor dem Kratersee.[1]

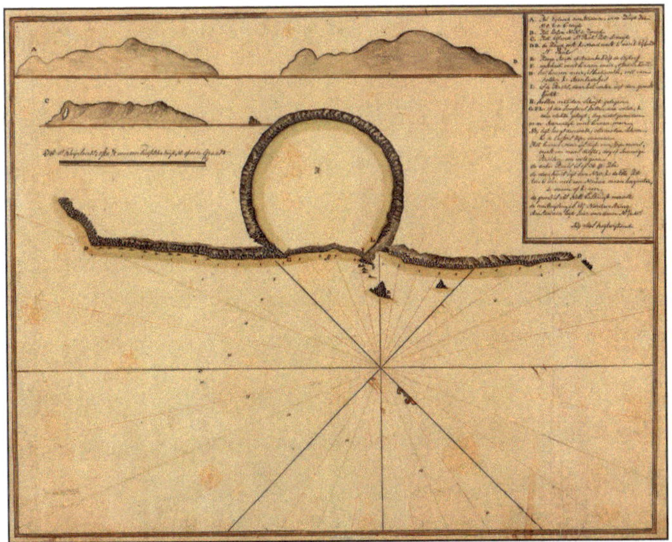

Die früheste Karte von *Saint Paul* von *Godlob Silo*.

6) Kapitän *Péron* erstellt während seines Aufenthalts auf *Saint Paul* um 1792 eine sehr gute und genaue Karte der gesamten Insel.

7) Kapitän *Francis Price Blackwood* der *HMS Fly* machte eini-

[1] https://commons.wikimedia.org/wiki/File:AMH-5133-NA_Map_and_view_of_the_islands_of_St._Paul_and_Amsterdam.jpg

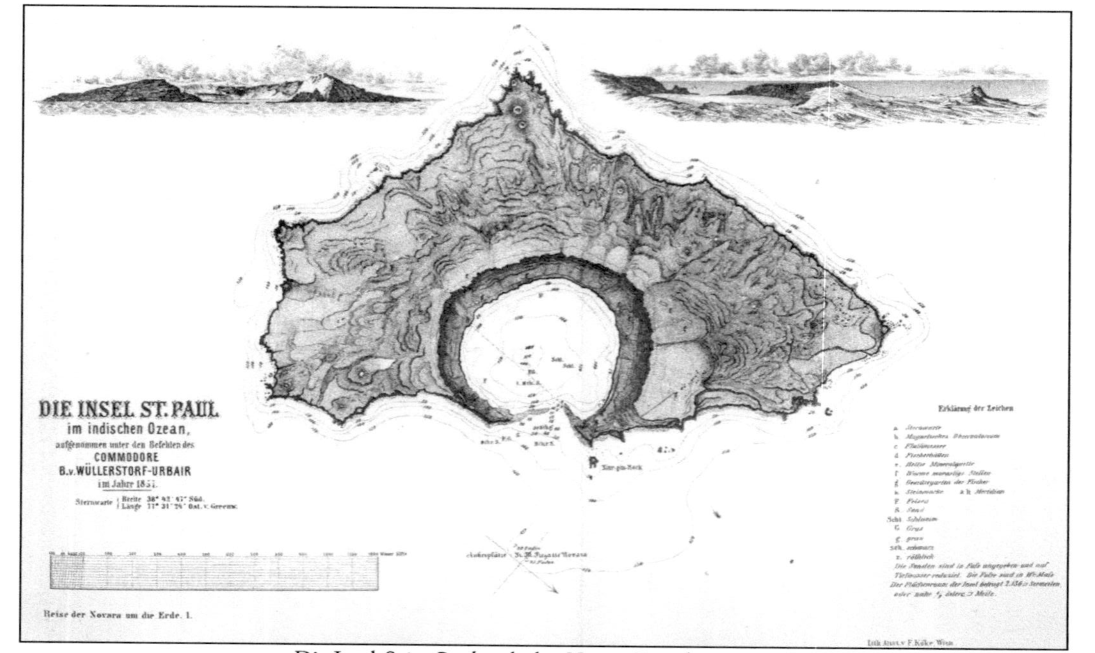

Die Insel *Saint Paul* nach der *Novara*-Expedition 1857.

Ansicht aus der Zeitschrift *La Mosaique* von 1875.

ge kartografische Aufzeichnungen von *Saint Paul* am 5. August 1842, als sich das Schiff auf dem Weg nach Australien befand, und nach seinen Unterlagen wurde die erste Seekarte der britischen Admiralität erstellt.

8) Nach den Aufnahmen durch *Leutnant Hutchison* und *J. W. Smith* 1853 von der *HMS Herald* unter Kapitän *Denham* verausgabt die englische Admiralität am 8. Mai 1860 die zweite Seekarte und im *The Nautical Magazine and Naval Cronicle* von 1854 wird ausgiebig über die Inseln berichtet.

9) Mit der Expedition der *Novara* 1857 und der Expedition zur Beobachtung des Venusdurchgangs 1874 werden sehr detaillierte Karten der Inseln erstellt.[1]

10) Die Expedition zur Beobachtung des Venusdurchgangs 1874 erstellt ebenfalls sehr detaillierte Karten, insbesondere auch spezielle geologische Karten.

[1] Vgl. Lit.-Verz. Nr. 8b, S. 40.

2.1A Toponymie geografischer Namen auf Saint Paul

(Für die Insel *Amsterdam* habe ich kein derartiges Kapitel eingefügt. Bei der größeren Insel sind konsequenterweise auch die Namen zahlreicher. Hinzu kommt bei *Amsterdam* seit 1950 die beständige Anwesenheit von Personal der Station, welche im Laufe der Jahre zahlreiche Namensvergaben vorgenommen haben, wobei viele auch nur im »internen Gebrauch« kursieren.)

Es ist interessant zu sehen, dass viele, die eine Karte der Insel erstellt haben, den verschiedenen Punkten auf der Insel eigene Namen gegeben haben. Es gibt eine toponymische Ausarbeitung[1], also eine Übersicht über in modernerer Zeit noch verwendete Namen und deren Herkunft, teils mit Verweisen auf ältere Bezeichnungen, allerdings erscheint diese Listung in etlichen Punkten fehlerhaft oder ungenau zu sein. Wo aufgrund neueren Quellenstudiums Fehler erkannt wurden, werden die betreffenden Namen hier natürlich in korrekter Form wiedergegeben. Neben einfachen Namen nach geografischen Gegebenheiten wie Nord-, West- und Südpunkt finden sich überlieferte Benennungen unbekannter oder zweifelhafter Herkunft sowie durch die Kartografen vergebene Namen. Nachfolgend eine Listung, in der erst (a) die noch auf den heutigen Karten verzeichneten Namen sowie ggf. deren frühere Namen aufgeführt sind und dann (b) in historischen Quellen gefundene Namen, die sich auf heute namenlose Punkte beziehen. Generell wird hierbei geografisch von Nord nach Süd und dann von West nach Ost vorgegangen.

a) Toponymie noch heute verzeichneter Namen, mit den früheren Bezeichnungen

1) *Saint Paul*

Ursprünglich wohl *São Paulo*. Hintergrund ist die vermutete

[1] Gracie Delépine, *Toponymie des terres australes*, TAAF & Commission territoriale de toponymie, 1973, vgl. Lit.-Verz. Nr. 34.

Entdeckung der Insel durch das portugiesische Schiff *São Paulo*, dessen »Entdeckung« (möglicherweise nachträglich und damit später) in einer portugiesischen Seekarte von 1559 verzeichnet wurde, was jedoch aufgrund neueren Quellenstudiums als eine Verwechslung mit *Amsterdam* zu sein scheint (siehe unter Geschichte der Insel *Saint Paul*). Bis ins 19. Jahrhundert hinein wurden die Namen der beiden Inseln oft vertauscht, d. h. oftmals ist von *Amsterdam* die Rede, während *Saint Paul* gemeint ist, und umgekehrt.

2) *Pointe Schmith* oder *Pointe Nord*

Eigentlich *Pointe Smith*. Die Bezeichnung *Pointe Nord* ist schlüssig, da geografisch bedingt, hat sich aber langfristig nicht durchgesetzt. Die heute übliche Verwendung von *Pointe Schmith* geht auf die geologische Karte der Expedition der *Novara* von 1857 zurück. Der Name ist in der geologischen Karte der *Novara* tatsächlich »Schmith« geschrieben, interessanterweise wird er in den Texten der Expedition jedoch »Smith« geschrieben – was auch logischer bzw. korrekter erscheint. Denn es ist sehr offensichtlich, dass, wenn die Südspitze der Insel den Namen des 1853 kartografierenden Leutnants *Hutchison* von der *HMS Herald* erhalten hat, im Gegenzug die Nordspitze den Namen des zweiten kartografierenden Beteiligten *J. W. Smith* erhalten hat. Abgesehen davon hatten sich die Teilnehmer der *Novara*-Expedition auf die Namen in der 1860 herausgegebenen Seekarte der englischen Admiralität gestützt und übernommen, die von den Vorgenannten erstellt worden ist.[1] Dass in der Folge der Schreibfehler auf der Karte der *Novara* bei den französischen Kartografen übernommen wurde, ist wohl eine Ironie der Geschichte …

3) *Chaussée du phoque*

(Deutsch: Straße der Robbe) 1874 durch den Kapitän *Mouchez*

[1] Vgl. Lit.-Verz. Nr. 8b, S. 40. Die dort angegebene Kartennummer 1691 ist übrigens falsch, bereits die erste Seekarte der britischen Admiralität von 1842 trägt, wie auch alle nachfolgenden Neuanfertigungen, die Nummer 1921.

der *La Dives* den Klippen vor dem bzw. eben westlich des *Pointe Schmith* gegeben, möglicherweise auch an Stelle der anderen beiden Bezeichnungen.

4) *Ilot Nord*
Früher *Ilot du Nord, Nord Rock*. Angeblich 1857 durch die Expedition der *Novara* vergebener Name. Als *North Islet* aber bereits 1853 in der Karte der *HMS Herald* eingezeichnet.

5) *Rocher du Milieu*
Früher *Ilot du Milieu, Middle Rock (1853)*. Wie bei 4).

6) *Le Dos de Chèvre*
Ursprünglich durch die Expedition der *Novara* 1857 *Ziegenrücken* genannt, in der geologischen Karte 1874 jedoch als *Ziegenruck* verzeichnet. In französischer Entsprechung übernommen.

7) *Baie de Manchots*
Früher *Pinguin Bay*, vermutlich ebenfalls seit 1853 so benannt, französische Übersetzung ab 1874 gebräuchlich.

8) *(Rocher) La Quille*
Von Kapitän *Péron* 1792 als *Pain de Sucre* (Zuckerhut) bezeichnet, da ihm die bereits gebräuchliche englische Bezeichnung *Ninepin-Rock* unpassend erschien. Andererseits war der Felsen bereits 1789 bei dem Besuch der *Mercury* »Sugar loaf« benannt worden, was dieser französischen Bezeichnung entspricht.[1] Nachher wurde er wieder (vermutlich spätestens ab 1853) in Englisch als *Ninepin-Rock* verzeichnet. (Französische wie englische Bedeutung: Kegel-Felsen.) In dem Reisebericht der *Nova-*

[1] George Mortimer, *Observations and remarks made during a voyage to islands of Teneriffe, Amsterdam, Maria's Islands near Van Diemen's land; Otaheite, Sandwich Islands; Owhyhee, the Fox Islands on the North West Coast of America, Tinian, and from thence to Canton, in the brig Mercury commanded by John Henry Cox, Esq.*, London 1791, S. 10-14, vgl. Lit.-Verz. Nr. 35.

ra wird der englische Begriff falsch übersetzt mit »Neun-Nadel-Fels«.[1] Möglicherweise hatte *Péron* dies genauso falsch übersetzt und daher als unpassend angesehen.

9) *Cabane / Ancienne Conserverie / Borne du Bougainville*
Auf der modernen Karte des IGN (*Institut Géographique National*, Karte erstellt 1973, 2. Überarbeitete Ausgabe 2012, Karte IGN 4460A) wie auch auf der modernen französischen Seekarte Nr. 7170 sind diese Begriffe verzeichnet. *Cabane* ist die Hütte, also die Schutzhütte, *Ancienne Conserverie* ist die »ehemalige Konservenfabrik«. *Borne* (Kurzform: Bne) *du Bougainville* ist ein Gedenkstein, hier eine kleine steinerne Pyramide, die beim Besuch des Aviso *Bougainville* am 24. Februar 1939 auf der ersten erhöhten Klippe am Nordende der nördlichen Barre errichtet wurde. Die exakte Position der Pyramide wurde 1969 durch das IGN bestimmt und fand daher offenbar Eingang in die topografische Karte der Insel. Die Pyramide existiert auch heute noch.

10) *Crête de la Novara*
Bezeichnung des Nord-/Nordwest-Rands (Bergkamm) des Kraters auf den neueren Karten des IGN und der neueren französischen Seekarte. Der Name ist in der toponymischen Auflistung von 1973 nicht enthalten und findet sich auch nicht auf älteren Karten, soweit sie mir vorliegen. Es hat den Anschein, dass die Bezeichnung erst mit der Erstellung der topografischen Karte 1973 eingeführt wurde, möglicherweise in Anlehnung an die *Novara-Höhe*, wie der höchste Punkt (244 m) am Südwestrand des Kraters (in etwa in Verlängerung der *Quatre Collines*) durch die Expedition der *Novara* benannt wurde. Heute wird üblicherweise vielfach die Bezeichnung, die ja eigentlich für den ganzen Bergkamm (= crête) steht, für den höchsten Punkt der Insel (268 m, im Nordwesten des Kraterrands) verwendet.

[1] Novara, S. 214, vgl. Lit.-Verz. Nr. 8.

11) *Bassin du Cratère*
Kraterbassin, beschreibende Bezeichnung des Kratersees. Wurde 1971 durch die toponymische Kommission festgelegt. Allerdings war die Bezeichnung auch bereits 1874 so verwendet worden.

12) *Terrasse des Pingouins*
Deutsch (*Novara*): *Pinguin-Terrasse.* Auf den modernen Karten wird damit ein kleiner flacherer Streifen unterhalb eines an der Küste abgebrochenen Nebenkraters etwa 700–800 m nördlich des *Pointe Ouest* bezeichnet. Sowohl auf der Karte der *Novara* von 1857 als auch auf der Karte von 1874, dort mit »Falaise habitée par les manchots« (von Pinguinen bewohnte Klippe) gekennzeichnet, wird damit eigentlich eher der Bereich zwischen dem *Pointe Ouest* und diesem Punkt bezeichnet. Auch der Kapitän *Péron* berichtet bereits 1792 von einer starken Pinguinpopulation in diesem Bereich.

13) *Banc Roure*
Unterwasserfelsen vor der Südostküste der Insel, die bei dem meist starken Seegang durch das sich brechende und verwirbelnde Wasser darüber erkennbar sind. Laut *Ch. Vélain* (1874) sei aber damit zu rechnen, dass diese Felsen im Laufe der Zeit durch die heftigen Stöße des Wassers regelrecht eingeebnet werden würden. Der Name wurde 1874 durch den Kapitän *Mouchez* der *La Dives* gegeben und ist damit eine Widmung an den zweiten Stationsleiter der Fischereisiedlung *Frederick Roure* (Leiter 1849 bis 1853).

14) *(Les) Quatre Collines*
Übersetzung der deutschen Benennung aus der Karte der *Novara* 1857: *Vier Hügel* oder *Vierhügel.*

15) *Pointe Ouest*
Auch *West-Point* oder *West-Kap*, Benennung soll ebenfalls auf der Karte der *Novara* (1857) beruhen. Auch hier ist anzuneh-

men, dass mindestens seit 1853 (*HMS Herald*) die Benennung gegeben war.

16) *Pointe Hutchison*
Benannt mit Sicherheit 1853 nach dem kartografierenden Leutnant *Hutchison* der *HMS Herald.* (Die toponymische Liste führt zahlreiche Namen auf die Karte der *Novara* zurück, ohne offenbar die kartografischen Aufnahmen von 1853 zu berücksichtigen, die vielen Benennungen dieser Karte zugrunde liegen.) Einer der wenigen Punkte an der Außenseite der Insel, an denen zumindest theoretisch ein »Auf-die-Insel-kommen« möglich ist, so auch auf der Karte des Kapitän *Péron* verzeichnet.

17) *Les Deux Frères*
Zwei einzelne, kleine, steile Felsen eben westlich des *Pointe Hutchison,* die durch eine Ansammlung von Felsbrocken mit der Küste verbunden sind und so eine Art kleine Bucht bilden, in der man bei (seltenem) ruhigen Meer auch mit einem Boot anlanden kann und die damit einen Zugang über den danebengelegenen *Pointe Hutchison* auf die Insel ergibt. Der Benennungsursprung ist unbekannt und wird vermutlich irgendwann durch die Fischer- / Robbenjäger vergeben worden sein.

18) *Pointe Sud*
Auch Süd-Point, wie 15).

b) Frühere Namen und Benennungen, soweit belegbar

Es scheint in der menschlichen Natur zu liegen, der Erkennbarkeit wegen Orte und Lokalitäten mit Bezeichnungen oder gar Namen zu versehen. Diese haben aber bei Orten wie *Saint Paul,* der ja meist nur temporär, bestenfalls für einige wenige zusammenhängende Jahre in Folge, bewohnt war, meist nur eine begrenzte Gültigkeit, in der Regel für den Zeitraum der Anwesenheit gleicher Personen, welche mit den Bezeichnungen etwas anfangen können. Nur selten wurden entsprechende Bezeichnungen so lange überliefert und beibehalten, bis sie durch die Aufnahme in ein weiter verbreitetes Kartenwerk oder in geografischen Beschreibungen eine dauerhafte Benennung erfuhren. Dies zeigt sich bei fast allen Benennungen aus Teil a). Eigentlich sind alle diese Namen durch die Eintragung in die seit 1853 erstellten Karten der Insel entstanden oder in eine dauerhafte Benennung übergegangen. Eine Ausnahme bildet eigentlich nur der Felsen *La Quille*, welcher ja zuerst ab 1789 *Sugar loaf* oder *Pain de Sucre* genannt wurde, dann aber durch die Neubenennung in der Karte von 1853 als *Ninepin Rock* in seiner französischen Übersetzung schließlich endgültig wurde. Von den meisten Personen, meist Robbenjägern und Fischern, gibt es keine schriftlichen Überlieferungen. Zwei Berichte hingegen sind in dieser Hinsicht sehr interessant und verdienen daher eine Auswertung. Es sind dies die Karte und der Bericht des Kapitän *Péron* und die Berichte der *Novara*-Expedition. Auch die Ausführungen von *Charles Vélain* von 1874 dürften in dieser Hinsicht einiges ergeben, hat er doch vor allem auf *Amsterdam* zahlreiche Benennungen durchgeführt. Andererseits hat man sich 1874 für *Saint Paul* vielfach auf die Angaben von 1857 gestützt und nur entsprechende französische Übersetzungen vorgenommen, weshalb auf eine eingehendere Recherche in diesen Berichten in Bezug auf die Toponymie verzichtet wird.

Benennungen durch den Kapitän *Péron* (1792–1795)

Hauptsächlich erfolgen Benennungen in der erstellten Karte mit Kennzeichnungen wie »Eau« (Wasser) oder durch Buchstaben mit in einer Legende ausgeführten Kennzeichnungen für Gärten, Höhlen, zugängliche Stellen, trockene Zufluchtsstellen (Höhlungen, Lavastein-Überhänge) auf der Insel u. a. Daneben hat *Péron* einige wenige Stellen neu benannt und an anderer Stelle Kurzbeschreibungen eingefügt. Interessant ist dabei, dass er die Insel in »Distrikte« unterteilt.

Ia) Benennungen

1) *Monticule Rouge*

(Deutsch etwa »Roter Hügel«) Am Nordende der Insel, also dem später *Pointe Smith* (*Schmith*) benannten Punkt, gelegene Überreste eines Vulkankegels in auffällig roter Färbung. Am Fuß desselben soll sich eine kleine Grotte oder Höhlung befinden (befunden haben), in der die Robbenschläger der *Noolka* regelmäßig Rast gemacht hatten. Laut *Vélain* soll sich dieser Kegel bis zu 31 m über dem Meer erheben. Auf modernen Luftaufnahmen ist von dem Kegel kaum etwas erkennbar, nur zu erahnen. Auf den älteren Karten bis 1874 ist hier, genauso wie der Vulkankegel bei der *Terrasse des Pingouins* und dem *Pointe Ouest*, ein noch nahezu vollständiger Kegel verzeichnet, wie es weder auf Fotografien noch auf den modernen Karten zu erkennen ist. Möglicherweise sind alle diese drei an der Küste gelegenen Kegel seither durch Erosion und Abbrüche deutlich verkleinert.

2) *Volcan sans erruption*

Bereich der heißen Böden und Dämpfe auf dem Plateau am nordwestlichen Kraterrand, wie auch noch 1857 von der *Novara*-Expedition beschrieben und 1874 nahezu erkaltet angetroffen.

3) *Cave du Milieu*

Kleine Grotte eben nördlich des Vulkankegelüberrestes bei der *Terrasse des Pingouins*.

Ib) Distrikte

Die Beschriftung der Karte mit Bezeichnungen von »Distrikten« erschließt sich nicht, vor allem da in den Texten *Pérons* keinerlei Hinweis oder Bezug darauf genommen wird. Weder die Namen noch der Hintergrund für diese Bezeichnungen sind nachvollziehbar. Eine der Bezeichnungen ist nicht vollständig lesbar in der vorliegenden Reproduktion der Karte, bei anderen erschließt sich mir die Bedeutung von Kürzeln nicht. In vielen Reproduktionen der Karte sind diese Bezeichnungen, wie auch die Schraffuren der Inseloberfläche, entfernt.

1) *S. Williams District*: Nordost-Küstenbereich, also vom Plateau oberhalb des üblichen Aufstiegs bis zum Nordende der Insel.

2) *Lo…leau District* (unlesbar): Nordwest-Küstenbereich.

3) F° de Pac. *District*: Bereich zwischen dem *Cave du Milieu* und bis über die *Quatre Collines* hinaus.

4) *E Withington District*: Südküstenbereich bis zum *Pointe Sud*.

5) *St. Godin District*: Bereich um den *Pointe Hutchison* herum.

6) *Williams District*: Südostküste.

II) Benennungen durch die Expedition der *Novara* (1857)

Während des Aufenthalts der *Novara*-Expedition wurde die Insel intensiv in jeder wissenschaftlichen Hinsicht untersucht, geografisch vermessen und erfasst und im Nachhinein eine Karte erstellt, auf die sich vor allem später dann noch die Venuspassagen-Expedition von 1874 stützte. Sowohl die Karte als auch die Ausarbeitungen verwenden, soweit nicht von der vorliegenden englischen Karte von 1860 übernommen, deutschsprachige Bezeichnungen, welche dann später teilweise wieder ins Französische übersetzt wurden (s. o.). Die deutschsprachigen Benennungen beziehen sich nur auf Punkte gemessener Höhen rund um den Krater, diese werden von der nördlichen Barre ausgehend einmal rundherum bis zur südlichen Barre gelistet.

1) *Müllers Höhe*
Platz des Observatoriums der Expedition oberhalb der Fischerhütten mit 43 m Höhe.

2) *Battlogs* Höhe
Nordöstlichster Punkt am Kraterrand, nach modernen Karten 261 m. Der Fregatten-Fähnrich *Gustav Battlog* war neben *Dr. Ferdinand von Hochstetter* einer der drei mit den geodätischen Aufnahmen beauftragten Personen.

3) *Mariassis* Höhe
Zweithöchster Punkt der Insel, laut moderner Karte 264 m. Ob die Messungen und Benennung 1857 den gleichen Punkt meinen, ist aufgrund der Nummerierung der Messpunkte nicht ganz sicher anzunehmen. Der Marine-Kadett *Michael von Mariassi* war ebenfalls geodätisch tätig.

4) *Wüllerstorfs* Höhe
Höchster Punkt der Insel im Nordosten des Kraterrands, 268 m. *B. von Wüllerstorf-Urbair* war der Kommandant der Expedition. Heute der mit dem Sammelbegriff *Crête de la Novara* bezeichnete höchste Punkt der Insel.

5) *Novara-Höhe*
244 m, Südwestrand, in etwa in Verlängerung der *Quattre Collines.*

6) *Kronowetters* Höhe
Höchster Punkt am südlichen Kraterrand, modern 231 m. Der Fregatten-Fähnrich *Eugen Kronowetter* war der dritte geodätisch Tätige.

2.2 Flora und Fauna[1]

Bis auf wenige kleine Unterschiede gleichen sich Flora und Fauna auf den beiden Inseln.

Allerdings gibt es auf *Saint Paul* keine Bäume (Kapmyrte) und hat es möglicherweise auch nie welche gegeben. Aufgrund der Erwähnung von »niedrigen Gehölzen« 1626 und wegen auf der Zeichnung *van Diemen*s 1633 sichtbarer »Bäume/Büsche« besteht zumindest die Vermutung, es könne doch Formen von Holzwuchs gegeben haben, der dann aber durch die späteren vulkanischen Aktivitäten (siehe unter Geografie und Geschichte) in Folge von Hitzeauswirkungen und Übersäuerung (durch Schwefel und andere Gase) spurlos vernichtet worden sein könnte.[2] Heute ist die Insel von niederen Pflanzen dicht bewachsen. Wie auf *Amsterdam* handelt es sich hierbei um verschiedene Grassorten, Moose und Farne. Es handelt sich vor allem um die Sorten *Isolepis* und *Spartina*, *Bärlapp* in den Höhen sowie subtropische Grassorten (*Digitaria sanguinalis* und *Calistegia sepium*), welche die mikroklimatischen Gegebenheiten im Bereich wärmerer Bodenbereiche nutzen.

Durch den Menschen wurden vor allem Kartoffeln, Kohl und Petersilie eingeführt. Den Berichten der Expedition *de Vlaminghs* ist zu entnehmen, dass man als essbare Pflanze nur eine Art Petersilie mit einem dem Sellerie ähnelnden Geschmack vorgefunden und auf dem Hochplateau an sechs verschiedenen Stellen Erbsen- und Senfsaat ausgebracht hatte.[3] Laut den Reiseberichten der *Novara* von 1857 fand man vor allem Kartoffeln und Getreide wie Weizen. Mais und Gerste gedeihen zwar wohl ebenfalls gut, da aber zu wenig Brennmaterial auf der Insel zu finden ist, wurden diese Kulturpflanzen nicht länger angebaut, da deren Verarbeitung bspw. zu Brot zu

[1] Terres Australes, S. 29-31, vgl. Lit.-Verz. Nr. 6, sowie: Tollu, Benoit, S. 35-37, vgl. Lit.-Verz. Nr. 9.

[2] Sébastien Larrue, Julien Chadeyron, Frédéric Faucon, *Quelles origines à l'asylvatisme des îles volcaniques australes Crozet et Saint-Paul* (Terres Australes et Antarctiques Françaises, océan Indien) ?, vgl. Lit.-Verz. Nr. 36.

[3] Vgl. Lit.-Verz. Nr. 26, S. 45.

viel Brennmaterial benötigte. Zur Zeit des Besuchs der *Novara* 1857 gab es etwa 12-15 Anbaustellen auf der Insel, überwiegend an den Kraterhängen (angelegte »Terrassenfelder«). Welche der von den Gärtnern der Expedition auf der Insel angepflanzten Kulturpflanzen tatsächlich wuchsen und ggf. längerfristig vorhanden waren (oder bis heute sind), ist (mir) nicht bekannt. Man pflanzte Kohl, Rettich, Rüben, Sellerie, Gartenkresse und Löffelkraut, außerdem wurden die Samen einiger geeignet erscheinender Baumarten nördlich der Fischerhütten nahe den beiden Beobachtungshäuschen ausgesät, namentlich benannt hierbei *Pinus Maritima* (See-Kiefer), mehrere *Protea*-Arten sowie *Casuarinen.*[1] Hiervon ist heute nichts mehr vorhanden. Ob diese Saaten überhaupt angegangen sind oder nachfolgende Gewächse wieder verfeuert wurden, ist nicht bekannt.

Nach dem Bericht des Kapitäns *Denham* der *HMS Herald* vom Januar 1853 wuchsen in den angelegten Terrassengärten an den Kraterhängen, jedes Beet etwa 5 Quadratyards groß, Erbsen, Kohl, Karotten, Rüben, Kartoffeln, Artischocken und Weizen. Einziges natürlich auf der Insel vorkommendes Gemüse sei eine Art wilder Sellerie, was sich mit den Berichten der Expedition *de Vlaminghs* deckt. Bzgl. der Fauna berichtete er über eingeführte Schafe, Ziegen, Schweine, Katzen und Mäuse – letztere dienten den Katzen im Winter als Futter, während in den Sommermonaten sich die Katzen an Jungvögeln bedienten. In den Wohnstätten der Fischer wurden Rinder, Schweine, Geflügel und Kaninchen gehalten. Im Austausch mit den Fischern wurden einige Saaten für die Gärten gegeben, hauptsächlich Zwiebeln.[2]

Infolge des dichten (Gras-)Bewuchses zeigt sich *Saint Paul* in den Sommermonaten dem Betrachter als grüne Insel, während sie zum Winter hin beigefarben ist.

Die Vogelwelt besteht auf *Saint Paul* vor allem aus mehreren tausend zwischen September und Januar brütenden Pinguinen sowie Sturmvögeln und einigen anderen Vogelarten.

---

[1] Vgl. Lit.-Verz. Nr. 8a.

[2] Vgl. Lit.-Verz. Nr. 27, S. 70.

Durch den Menschen waren auf *Saint Paul* Ratten, Mäuse und Kaninchen eingeführt worden, die sich außergewöhnlich stark vermehrt hatten. Eine Zeitlang gab es auch Schweine, die aber wohl ohne Fütterung durch den Menschen nicht genug Nahrung fanden und daher ohne entsprechende menschliche Anwesenheit nie lange überlebten, und ebenfalls über längere Zeiträume verwilderte Ziegen in großer Zahl sowie Katzen. Den Berichten der *Novara* zufolge hatte man 1857 auf der Insel ein Schwein und eine Katze erlegt. Außerdem wird über eine große Anzahl verwilderter Ziegen berichtet, die vor allem im nordwestlichen Teil der Insel lebten und die angeblich um 1844 herum eingeführt worden sein sollen. Auch heißt es in dem Bericht, es wären regelmäßig Kühe ausgesetzt worden, diese seien allerdings nach einigen Monaten als »Lebendproviant« wieder abgeholt worden. Man setzte ein Hasenweibchen auf der Insel aus, nachdem man ein Hasenmännchen gesehen hatte, außerdem ließ man ein paar Gänse zurück.[1] Auch in den Berichten von der Venuspassagen-Expedition von 1874 wird über Ziegenherden berichtet, die die Nächte vor allem im Bereich der warmen Bodenareale auf dem Plateau verbrachten, während sie tagsüber auf dem Plateau herumstreiften und offenbar gerne am Kraterrand flanierten, wo sie bei ausnahmsweise guter Sicht von unten her sich gegen den Himmel abhebend gut sichtbar waren.[2]

Im Januar 1997 wurde auf *Saint Paul* die Ausrottung der auf ca. fünfzig- bis hunderttausend Exemplare geschätzten Ratten- sowie der Kaninchen- und Mäusepopulation durchgeführt. Die Ratten fraßen vor allem die Eier der Seevogelgelege sowie Jungvögel, während die Kaninchen vor allem den selteneren Vogelarten die Brutplätze streitig machten und die Fauna zerstörten. Mit Hilfe eines Hubschraubers wurde die ganze Insel mit einem Gift berieselt, welches nur von Ratten, Mäusen und seltener Kaninchen gefressen wird (und, wie man feststell-

[1] Vgl. Lit.-Verz. Nr. 8a.
[2] Vgl. Lit.-Verz. Nr. 8b .

te, auch von Kakerlaken), gleichzeitig wurde mit Jagdhunden den Kaninchen nachgespürt. Die Expedition ging von einem hundertprozentigen Erfolg bei den Ratten aus, nachfolgende Quellen bestätigen dies ebenfalls für die Kaninchen. Mäuse (Hausmäuse) hingegen haben die Kampagne offenbar überlebt und sind heute (2020) die einzige überlebende größere eingeführte Tierart, deren Ausrottung aber möglicherweise für 2021 geplant ist.[1] Die Kampagnen, Untersuchungen und Jagden erfolgten in mehreren Abständen bis Februar 1999.[2]

Das Seglerehepaar *Wilts*, welches *Saint Paul* im Februar 1994 besucht hat, berichtet von großen Kakerlakenpopulationen im Bereich der warmen Bodenzonen.

Die Fauna des Meeres wurde bereits bei der Fauna *Amsterdams* beschrieben und ist bei *Saint Paul* identisch. Nach dem Bericht der Expedition der *Novara* schwimmen im Bereich des *Rocher La Quille* viele Haie. Außergewöhnlich für die Breite, auf der *Saint Paul* liegt, sind Besuche von Seeleoparden (*Hydrurga leptanyx*). Ein solcher Besuch wurde 1972 von einer Expedition registriert.[3]

2.3 Geschichte von der Entdeckung bis 1839

Zeitpunkt und Entdecker von *Saint Paul* sind trotz intensivster Quellenrecherche ungewiss. Zur Einleitung kurz gefasst, ihren Namen erhielt die Insel letztlich aufgrund der Berichte des portugiesischen Schiffes *São Paulo*, dessen Besatzung am Morgen des 24. November oder des 15. Dezember 1560 in dieser Ge-

[1] *Candidature des Terres et mers australes françaises à l'inscription sur la Liste du patrimoine mondial; Informations supplémentaires en réponse au rapport de l'UICN du 20 décembre 2018*, https://whc.unesco.org/document/173022

[2] T. Micol, P. Jouventin, *Eradication of rats and rabbits from Saint-Paul Island, French Southern Territories*, In: *Turning the tide : the eradication of invasive species. Proceedings of the International Conference on Eradication of Island Invasives*, by C. R Veitch; M N Clout, Verlag: Gland (Suiza) Cambridge (Reino Unido): IUCN, 2002. Serien: *Occasional papers of the IUCN species survival commission*, 27. Artikel S. 199-205, vgl. Lit.-Verz. Nr. 37.

[3] Tollu, Benoit, S. 37, vgl. Lit.-Verz. Nr. 9.

gend eine Insel sichtete. Die Beschreibungen deuten jedoch an, es könnte sich um eine Neu-Entdeckung der Insel *Amsterdam* gehandelt haben. Wenn dies zutreffend sein sollte, dann wurde die Insel zuverlässig erst am 19. April 1618 durch den holländischen Kapitän *Harwick Claesz* aus *Hillegom* mit dem Schiff *Zeewolf* entdeckt. Ausführlich die Details:

Zwar heißt es in verschiedenen Quellen, in dem Bericht *Sebastien del Canos*, dem Entdecker *Amsterdams,* würden zwei Inseln in dieser Gegend erwähnt, was sich allerdings in einem entsprechenden Auszug aus dem Logbuch nicht finden lässt.[1] Eine ausdrückliche Erwähnung *Saint Pauls* findet sich erst in einem Portolan von *Evert Gysberths* aus dem Jahre 1559, in welchem eine Insel namens *São Paulo* auf 38° S erwähnt wird (»T. q. descrobio o nao S. Paulo« = Terra que descrobio o nao S. Paulo = Land, welches von dem Schiff São Paulo entdeckt wurde). Man ging daher davon aus, dass die Insel irgendwann im 16. Jahrhundert von einem portugiesischen Seefahrer entdeckt und nach seinem Schiff benannt wurde.[2] Dieser Annahme nach einer aussagekräftigen Quelle[3] nachgehend fand sich ein Schiff namens *São Paulo*, welches 1560 bei *Sumatra* Schiffbruch erlitten hat.[4] Fahrten dieses Schiffes zwischen *Portugal* und den portugiesisch-(ost-)indischen Häfen sind nach dieser Quelle belegt für 1556 (unter Kapitän *Antonio Fernandes)*, für 1559 (unter Kapitän *Ruy de Melo da Camara*) und für eben die Reise 1560, die mit dem Schiffbruch bei *Sumatra* endete. Da die In-

---

[1] Vgl. Lit.-Verz. Nr. 24.

[2] Terres Australes, S. 16, vgl. Lit.-Verz. Nr. 6, sowie:
Tollu, Benoit, S. 6, vgl. Lit.-Verz. Nr. 9.

[3] *Da Asia De Diogo De Couto: Dos Feitos, Que Os Portuguezes Fizeram Na Conquista, E Descubrimento Das Terras, E Mares Do Oriente. Decada Decima. Parte Primeira,* Lisboa 1788, S. 141+142, vgl. Lit.-Verz. Nr. 38.

[4] C. R. Boxer, *Further Selections from the Tragic History of the Sea, 1559-1565: Narratives of the Shipwrecks of the Portuguese East Indiamen Aguia and Garça (1559), São Paulo (1561) and the Misadventures of the Brazil-ship Santo Antonio (1565)*, Cambridge University Press 1968, vgl. Lit.-Verz. Nr. 39, basierend auf mehreren Berichten, die seit dem 17. Jahrhundert unter dem Oberbegriff *Historia Trágico-Márítima* (HTM) wiederkehrend in mal mehr, mal weniger ausführlicher Form veröffentlicht wurden.

sel bereits 1559 in dem Portolan *Gysberths* erwähnt wird, lag die Annahme nahe, die Entdeckung müsse vorher stattgefunden haben, also auf der Reise 1556 oder sehr zeitnah 1559. Zwar führte die Reise 1556 wetterbedingt das Schiff in großer südlicher Breite statt an *Madagaskar* vorbei nach *Goa* bis an die Küste *Sumatras*, von wo aus es dann zurück nach *Goa* segelte (mit ein Grund für die lange Reisedauer), aber auch wenn die Gegend der Insel höchstwahrscheinlich durchquert wurde, so findet sich keinerlei Hinweis in den Berichten über diese Reise darauf, dass sie gesichtet worden war. Über die Reise 1559 liegen offenbar keine weiteren Berichte vor oder sind durch die Historiker nicht weiter erarbeitet worden.

In mehreren fremdsprachlichen Wikipedia-Artikeln über *Saint Paul* findet sich neuerdings (2020) die in den verschiedensten Sprachen identische Aussage: »Die Insel *Saint Paul* wurde zuerst 1559 durch die Portugiesen entdeckt. Die Insel wurde kartiert, im Detail beschrieben und durch Zeichnungen/Gemälde von Besatzungsmitgliedern der Nau[1] *São Paulo* dokumentiert, unter ihnen der Pater *Manuel Álvares* und der Apotheker (= Schiffsarzt) *Henrique Dias*. *Álvares* und *Dias* berechneten die Position richtig als 38° südlicher Breite.« Diese Aussage ist aber nicht mit einer Quellenangabe belegt – und wie sich zeigen wird, auch nicht ganz korrekt.

Dieser neuen, unbelegten Aussage zur Entdeckung der Insel ging ich nach.

In der Zusammenfassung der Aktivitäten der Jesuiten in Indien findet sich die Aussage, der Pater *Manuel Álvares* sei 1560 von *Coimbra* nach *Indien* geschickt worden und dass er sich unter Kapitän *Ruy de Mello da Camara* auf der *São Paulo* eingeschifft habe.[2]

Die Reise von 1560 ist historisch schon zeitnah und immer

---

[1] Nau oder Nao wird ein spanischer/portugiesischer Schiffstyp genannt, welcher der Kogge oder der Karavelle ähnelt, jedoch größer und zwei- bis dreimastig ist.

[2] Pelo P. Antonio Franco, *Imagem da virtude em o noviciado da Companhia de Jesus no Real Collegio de Jesus de Coimbra*, Coimbra 1719, im Kapitel XIX, Absatz 5 (S. 359), vgl. Lit.-Verz. Nr. 40.

wieder, bis in die heutige Zeit, thematisiert worden, da die *São Paulo* Anfang 1561 einen immer wieder beschriebenen Schiffbruch bei *Sumatra* erlitt. Sowohl *Manuel Álvarez* als auch *Henrique Dias* verfassten Berichte der Reise. Diese Berichte wurden meist auf die Ereignisse rund um den Schiffbruch und die Erlebnisse der Schiffbrüchigen bis zu ihrer Rettung und Rückkehr verkürzt, so dass die Originalberichte über die ganze Reise erst durch moderne Historiker aufgedeckt und veröffentlicht wurden.[1]

In dem Reisebericht des Apotheker-Schiffsarztes *Henrique Dias* ist zu lesen, dass am Sonntagmorgen des 15. Dezember 1560 (nur dass dieser Tag kein Sonntag, sondern ein Donnerstag war?) bei allerbestem ruhigen und sonnigen Wetter gänzlich unerwartet eine Insel in drei bis vier Leugen[2] Distanz in Sicht kam. Die Abwechslung war der Besatzung, den Soldaten und den Passagieren hochwillkommen, und auch der Pater würdigte in seiner Sonntagspredigt diese Besonderheit, fernab aller Landmassen eine so besondere Entdeckung gemacht zu haben. Mehrere nutzten die Gelegenheit, die Ansicht bildlich festzuhalten. Die geografische Breite wurde mit 37°45‘ Süd bestimmt (keine Längenangabe), was allerdings eher der Insel *Amsterdam* entspricht. In der Folge scheint ein regelrechter Streit darüber entbrannt zu sein, welchen Namen man der Insel geben solle. Die Soldaten wünschten, man möge die Insel »Ilha dos soldatos« (Soldateninsel) nennen. Der Kapitän, sich

[1] José Augusto do Amaral Frazão de Vasconcellos, veröffentlichte 1948 den Bericht von Manuel Alvares, *Naufrágio da Nau »S. Paulo« em um ilheu próximo de Samatra, no ano de 1561. Narracão inédita, escrita em Goa em 1562.* – siehe auch die übernächste Fußnote / Lit.-Verz. Nr. 42.
Bernado Goms de Brito veröffentlichte 1775 die *História trágico-maritima*, eine Sammlung historischer Schiffsbruchberichte, in der er offenbar auf den Originalbericht von *Henrique Dias* zurückgreifen konnte und diesen damit ausführlicher als frühere Veröffentlichungen wiedergab. Auf diesem beruht höchstwahrscheinlich die Beschreibung der Sichtung der Insel. Originaltext-Auszüge des Berichts von *Henrique Dias*, auf denen sich die folgenden Erkenntnisse stützen, sind enthalten in: Jörg Dünne, *Die Kartographische Immagination*, Wilhelm Fink-Verlag, München 2011, ISBN 978-3-7705-5149-1, vgl. Lit.-Verz. Nr. 41.

[2] Leuge ist eine alte Bezeichnung für Meile, deren Länge je nach Nationalität und Zeit eine unterschiedliche Länge hatte. Die Leugen jener Zeit maßen meist 4-7 km.

darauf berufend, dass dies so üblich sei, wünschte, die Insel nach sich selbst zu benennen. Der Navigator jedoch setzte den Diskussionen kurzerhand ein Ende, indem er die Insel auf der Karte mit seinem Namen verzeichnete, also als die *Insel* Ântonio *Dias* ...

In dem Reisebericht des Paters *Manuel Álvares*[1] berichtet dieser, die Insel sei am Sonntag, dem 24. November 1560 (auch hier: der Tag war kein Sonntag, sondern ein Donnerstag?), gesichtet worden, welche wunderschön in der Sonne und wie dahingemalt erschien. Die Insel befände sich auf 38° [Süd] und sei von zahllosen Seelöwen umgeben. Im Gegensatz zu dem anderen Bericht ist auch eine kurze Beschreibung gegeben: In der Nord-Süd-Ausrichtung sähe sie der Insel *Romeiros* [vermutlich *Ilhéu do Romeiro*, heute *Ilhéu de São Lourenço*, vor der Ostküste der Azoreninsel *Santa Maria* gelegen – nachvollziehbare Ähnlichkeit der West- bis Südwestansicht der Insel *Amsterdam* in klein] und der Insel der Sieben Schwestern (*Ilha das Sete Irmãs*) [Seychellen – keine Ähnlichkeiten] ähnlich, während die Nordost-Südost-Ansicht dem der Insel *Ceylon* ähneln würde.

Sowohl die Positionsangabe, insbesondere die Breite aus dem Bericht von *Dias*, als auch die Beschreibung des Aussehens der Insel durch *Álvares* (wenngleich der Vergleich mit den *Seychellen* nicht nachvollziehbar erscheint), hier insbesondere der Vergleich der Nord-Süd-Ausrichtung mit dem Aussehen der Insel *Romeiro* (oder *São Lourenço)* sowie der Ostseite mit *Ceylon*, die dem sehr nahe kommen, lassen die starke Vermutung aufkommen, dass hier die Insel *Amsterdam* erneut »entdeckt« wurde und nicht *Saint Paul*! Dazu kommt, dass die Größe der Insel von allen an Bord auf vier bis fünf Leugen (Bericht *Dias*, bei *Álvares* 3 bis 4 Leugen) geschätzt wurde, was ebenfalls eher für *Amsterdam* spricht.

Eine Gewissheit, welche der beiden Inseln also gesichtet

[1] Wiedergabe des Reiseberichts von Manuel Álvares in: *Padre Artur de Sá, Documentação para a história das missões do padroado português do Oriente*, Lisabon 1955, Vol. 2, S. 384+385, vgl. Lit.-Verz. Nr. 42.

wurde, besteht damit nicht, und es scheint auch, dass die Insel *Amsterdam*, die ja 1522 bereits gesichtet worden war, auf dem Schiff und in seinen nautischen Unterlagen nicht bekannt gewesen ist. Es hat den Anschein, dass die späteren häufigen Verwechselungen der beiden Inseln schon früh ihren Anfang nahmen …

Was aus heutiger Sicht in hohem Maße befremdet, ist der Umstand, dass offenbar keinerlei Interesse bestand, das neue gesichtete Land eingehender zu erkunden. Die Wetterverhältnisse waren laut Beschreibung für diese Gegend ungewöhnlich gut, es hat also die üblichen Hindernisse nicht gegeben. Mehr noch, eine Insel in jener Lage, ein Anlaufpunkt, möglicherweise Schutz vor dem Wetter, theoretisch mögliche Versorgung mit Frischwasser, Proviant, … all das schien nicht zu interessieren. Dass man sich der Beschreibung nach einfach nur an der Abwechslung auf der langen Reise erfreute und über eine Namensgebung stritt, aber keinerlei Versuch unternahm, sich dem Land auch zu nähern, es genauer in Augenschein zu nehmen – all das befremdet doch sehr. So sehr auch ein steilküstiger Inselfels im Nirgendwo wenig verlockend erscheinen mag – die Begeisterung, unbekanntes Land entdeckt zu haben, spricht aus der gegebenen Schilderung. Umso mehr stellt sich die Frage, weshalb keinerlei Erwähnung gegeben ist über etwaige Versuche, dieses Land näher in Augenschein zu nehmen …

Bei alledem bleibt darüber hinaus die Frage bestehen, wenn die Insel erst Ende des Jahres 1560 entdeckt und darüber berichtet wurde (und, zumindest in den vorliegenden Quellen, keine Rede von genauer Kartierung und detaillierter Beschreibung, wie bei Wikipedia behauptet, ist), warum diese dann bereits in dem Portolan *Gyberths* von 1559 verzeichnet worden war.

Es spricht nichts dagegen, dass dieser Portolan (sei es nun eine nautische Beschreibung oder eine Seekarte gewesen) zwar ursprünglich 1559 erstellt und dementsprechend gekennzeichnet wurde, die obige Eintragung der durch die *São Paulo* gemeldeten Insel jedoch nachträglich erfolgte. Ob dem so sein könnte, das müsste eine genauere wissenschaftliche Untersuchung der Originalkarte ergeben.

Bestätigt oder entdeckt, falls es sich bei der Entdeckung durch die *São Paulo* doch um *Amsterdam* gehandelt hat, wurde *Saint Paul* erst im Jahre 1618 durch den holländischen Kapitän *Harwick Claesz* aus *Hillegom*, der die Insel bei nebligem Wetter am 19. April sichtete, ihre Position annähernd richtig bestimmte und ihr, da sie bisher auf keiner Karte verzeichnet war, den Namen seines Schiffes *Zeewolf* (*Zeewolffs Eijland* oder *'t Eijland de Zeewolf)* gab. Da die Insel im Süden passiert wurde, konnte bekanntlich keine Landungsmöglichkeit entdeckt werden, und so passierte die *Zeewolf* die Insel, ohne auch nur einen Versuch der Landung zu machen. Etwa zeitgleich sichtete die ebenfalls niederländische *Tertolen* die Insel *Amsterdam* und benannte sie nach ihrem Schiff.[1]

Man kann also sagen:

Die Insel Saint Paul wurde (möglicherweise) am Morgen des 24. November oder des 15. Dezember 1560 von dem portugiesischen Schiff *São Paulo*, Kapitän *Ruy de Mello da Camara*, Navigator *Ántonio Dias* sowie Mitreisenden wie dem Pater *Manuel Álvarez* und dem Mediziner *Henrique Dias*, erstmalig entdeckt – es könnte sich den Beschreibungen nach hier aber auch um eine »Neuentdeckung« der Insel *Amsterdam* gehandelt haben. In diesem Fall gebührt die Ehre der Entdeckung dem holländischen Kapitän *Harwick Claesz* aus *Hillegom*, der die Insel am 19. April 1618 sichtete.

Am 25. Dezember 1626 erreichte die *t' Wapen van Delft* die Insel *Saint Paul*. Auch wenn das Logbuch des Schiffes nicht mehr existiert, so gibt es ein Atlantenwerk, in dem der Logbuchtext neben einer Umrisskarte und einer Abbildung wiedergegeben ist. Auch wenn nach diesem Bericht die Insel einmal ganz umrundet wurde, so ist darin nichts von dem markanten Kratersee zu lesen. Auch befremden Aussagen, dass dicht unter der Küste überall Wassertiefen von 40–50 Faden

[1] Vgl. Lit.-Verz. Nr. 26.

gelotet wurden, wobei schwer zu sagen ist, wie weit zu jener Zeit eine halbe Musketenschussweite in Metern ausgedrückt als Distanz zur Küste ist. Und es habe keinerlei Felsen oder Riffe gegeben, es sei gefahrlos, sich der Insel zu nähern. Nur im Norden der Insel gäbe es eine Stelle, an der mit Glück eine Landung möglich sein könnte … Die gesamte Beschreibung spricht eher deutlich für die Insel *Amsterdam* als für *Saint Paul.* Ob der Karte und der Ansicht, die wohl erst gegen 1665 erstellt worden sein sollen, tatsächlich vergleichbare Zeichnungen von dem Schiff zugrunde lagen, möchte ich anzweifeln. Die Form der Insel hat auf der Karte überhaupt nichts gemeinsam mit der tatsächlichen Form *Saint Pauls* (oder *Amsterdams*), und die Tiefenangaben decken sich auch nicht mit den spärlichen Aussagen des Logbuchauszugs. Drei eingezeichnete Ankerplätze werden in dem Bericht noch nicht mal benannt. Darüber hinaus wird an einem sehr spitz auslaufenden Ostende der Insel ein Riffbereich mit Felsen gezeigt, wovon im Bericht ebenfalls nichts zu lesen ist. Eine am Rande der Karte wiedergegebene Profilansicht der Insel könnte man, wenn überhaupt, dann eher als die Silhouette *Amsterdams* ansehen. Auch das Bildnis der Insel dürfte eher der blühenden Fantasie des ausführenden Künstlers zuzuschreiben sein. Allerdings stimmen zwischen Abbildung, Profildarstellung und Karte zwei Dinge auffallend überein: ein einzelner größerer Felsen links von der Insel und Riffe und kleinere Felsen rechts davon – was man als einen Blick von Norden bzw. eher Nordosten auf *Saint Paul* deuten könnte, mit dem Felsen *La Quille* vor dem Kratersee und den Riffen und Felsbrocken am *Pointe Nord / Pointe Smith*. In dem Fall wäre aber die Kompassrose auf der Karte absolut falsch ausgerichtet. Kurz gesagt: Diese erste Darstellung als Bild und Karte lässt sich der Realität nicht zuordnen.[1] Ein anderer Aspekt, der ebenfalls eher für *Amsterdam* spricht, ist die Größenangabe: Die Insel habe einen Umfang von etwa vier Meilen.

[1] Vgl. Lit.-Verz. Nr. 26 und *Van der Hem Atlas*, 389030-FK, XXVI/23, Nationalbibliothek Wien.

Die Frage dabei ist, welchem heutigen Maß entsprach damals eine Meile. Wenn man die Distanzangaben zwischen beiden Inseln aus weiteren Berichten jener Zeit bis 1633 liest, die für die nach heutigem Maß rund 49 Seemeilen von »10 Meilen« sprechen, also eine damalige Meile etwa 5 heutigen Seemeilen entspricht, dann entspräche der Umfang von 4 Meilen rund 20 Seemeilen. Ganz grob hat *Saint Paul* einen Umfang von knapp 7 Seemeilen, *Amsterdam* hingegen etwa 15 Seemeilen Umfang und läge damit offensichtlich näher an dieser Angabe als die kleinere Nachbarinsel. Da andererseits jegliche Distanzangaben jener Berichte auf Schätzungen beruhen, ist dies auch nur eine Annahme und kein wirkliches Indiz.

Ein anderer Gedanke, der sich aufdrängt, wäre der Umstand, da in diesem wie auch anderen frühen Berichten der seeseitig offene Krater nie erwähnt wird, dass der Abbruch der östlichen Inselhälfte erst zu einem Zeitpunkt erfolgte, der zwischen den Berichten von 1633 und 1696 liegt, also der offene Krater und der Kratersee erst dann entstanden wären. Dies würde dann die andere Erscheinungsform der Insel in diesen frühen Berichten erklären. Ein derart »junger« Abbruch dürfte dann aber eigentlich den geologischen Untersuchungen, die 1857 und 1874 erfolgten, nicht verborgen geblieben sein …?

Bislang waren weder die Positionen noch die Namenszuordnung der beiden Inseln eindeutig festgelegt bzw. bestimmt worden, erst 1633 legte der Gouverneur *Antonio van Diemen* auf seiner Reise nach *Indien* beides fest, indem er die nördliche Insel nach dem Schiff, mit dem er reiste, benannte: *Nieuw Amsterdam.* Der südlichen Insel teilte er den schon bekannten Namen *Saint Paul* zu. Außerdem fertigte *van Diemen* eine Zeichnung an, auf der die Silhouetten der Inseln der Realität deutlich näher kommen als die erste bildliche Darstellung von 1626.[1]

Der holländische Kapitän *Willem de Vlamingh* besuchte die Inselgruppe im Jahre 1696 auf der Suche nach einem verschollenen Schiff (*Ridderschap van Holland*) und erreichte *Saint Paul*

[1] Vgl. Lit.-Verz. Nr. 24.

am 28. November. Am 29. November wurde der Obersteuermann *Michiel Bloem* aus Bremen[1], also ein Deutscher, an Land geschickt, um dabei bis dorthin die Wassertiefen zu messen. Er war möglicherweise der erste Mensch, der seinen Fuß auf den Boden der Insel gesetzt haben könnte, sofern sie nicht bereits 1626 von der Mannschaft der *t' Wapen van Delft* oder von jemand anderem noch früher betreten wurde. Begleitet wurden die ersten Schritte der Menschheit auf *Saint Paul* mit dem Erschlagen von Robben, da diese so dicht am Strand (der Barre) lagen, dass kein Durchkommen möglich war. Am Nachmittag setzte auch *de Vlamingh* mit seinem Assistenten *Joannes Bremer* auf die Insel über, um diese zu erkunden. Er besichtigte *Saint Paul* ausgiebig und lieferte die erste gute Beschreibung der Insel. Die Barre war zu jener Zeit geschlossen, das Wasser im Kratersee wurde als »brackig« bezeichnet (also kein reines Seewasser), und auf dem Plateau wurde »ausreichend« Frischwasser gefunden, welches allerdings nur unter Schwierigkeiten nach unten zu bringen sei. Auch über die heißen Quellen und heißen Bodenstellen am Katerinnenufer wird berichtet. Am Nordende (*Pointe Nord*) der Insel wurde eine Gedenktafel platziert mit der Inschrift: auf der Ostseite »The ship the Geelvink, Skipper Willem de Vlaming. A° 1696«, auf der Westseite »The hooker the Nyptang, and the galliot 't Wezeltje, Southland-bound ships, Novemb. 29«. Keine andere mir bekannte Quelle erwähnt etwas von dieser Gedenktafel … Besonders erwähnenswert ist hier noch, dass sowohl von *Amsterdam* als auch von *Saint Paul* durch *Victor Victorzoon* einige Aquarell-Profilbilder erstellt wurden, die in hoher Exaktheit die Erscheinungsformen der Inseln wiedergeben und somit die ersten wirklich korrekten bildlichen Darstellungen der Inseln darstellen. Zwei der Bilder wurden später auch als Stiche ausgeführt und verbreitet. Am 2. Dezember 1696 wurde die Insel abends verlassen und *Amsterdam* angesteuert.[2]

---

[1] Original: *Michil Bloem van sticht Bremen*, also Michael Bloem aus dem Bistum Bremen. Oft auch wiedergeben als *Michiel Bloem vant sticht van Bremen* und ähnliche Schreibweisen.

[2] Vgl. Lit.-Verz. Nr. 26.

Seit dieser Zeit kam es wiederholt zu Besuchen von Robbenjägern.[1]

Die erste überlieferte richtige Karte (und nicht nur Abbildung) *Saint Pauls* stammt von dem Kapitän *Godlob Silo*, der mit dem Schiff *Drie Heuvels* auf dem Weg von *Kapstadt* (Abfahrt 04.02.1754) nach *Batavia* (Ankunft 20.05.1754) *Saint Paul* passiert hat. Die Karte zeigt deutlich die geschlossene Barre vor dem Kratersee.[2]

Von etwa 1786 an, insbesondere von 1789 bis 1809, bestand eine »Hochphase« der »Robbenschläger«, die vor allem den chinesischen Markt mit Fellen versorgten. In dieser Zeit brachten regelmäßig vor allem amerikanische Robbenjägerschiffe Schlägertrupps von vier bis acht Mann auf die Insel(n), zahlreiche derartige Schiffe passierten die Inseln in dieser Zeit[3] + [4].

Vom 30. Mai bis 8. Juni 1789 besuchte die *Mercury* unter dem Kapitän *John Henry Cox* die Insel. Dieser berichtete erstmalig darüber, dass die Barre, wenngleich nur mit sehr geringer Wassertiefe, passierbar sei.[5] Während dieses Zeitraums erschlug die Mannschaft der *Mercury* 1200 Robben. Zwei Jahre danach setzte die *Noolka*[6] eine Robbenjägergruppe an Land, die für 17 Monate (März 1791 bis Mai 1792) an der Kraternordseite ihr Lager aufschlug und ihrer blutigen Tätigkeit nachging. Einer der daran Beteiligten, ein Amerikaner namens *Cornelius Seabury*, führte eine Art Tagebuch, in dem über die zahlreichen Schiffsbesuche berichtet wird. Bemerkenswert ist, dass beide Inseln bis dahin als »sehr grün« bezeichnet wurden. *Seabury* berichtet jedoch vom August 1791, dass aufgrund »unachtsa-

---

1 Tollu, Benoit, S. 7, vgl. Lit.-Verz. Nr. 9.

2 https://commons.wikimedia.org/wiki/File:AMH-5133-NA_Map_and_view_of_the_islands_of_St._Paul_and_Amsterdam.jpg

3 Tollu, Benoit, S. 7, vgl. Lit.-Verz. Nr. 9.

4 Rhys Richards, *The Maritime Fur Trade: Sealers and Other Residents on St Paul and Amsterdam Islands*, Artikel in: *The Great Circle*, Vol. 6, No. 1 (April 1984), pp. 24-42, und Vol. 6, No. 2 (Oktober 1984), vgl. Lit.-Verz. Nr. 43.

5 Vgl. Lit.-Verz. Nr. 24 und 26.

6 Möglicherweise auch *Nootka*. Dieses Schiff operierte bereits ab 1786 jährlich bei den Inseln. Quelle s. nachstehende Fußnote.

men Umgangs« mit Feuer die ganze Insel in Brand war[1], und *d'Entrecasteaux* gibt im März 1792 darüber Auskunft, dass *Amsterdams* Ostseite von einem extremen Feuer verwüstet wurde – ob dies hier natürliche Ursachen hatte oder ebenfalls menschenverursacht war, ist unbekannt. Auch 1793 wird erneut von Bränden auf *Amsterdam* berichtet, es scheint dort demnach in diesen Jahren mehrfach großflächige Brände gegeben zu haben. Tatsache scheint jedoch zu sein, dass die Inseln vor diesen Feuern eine deutlich kräftigere Vegetation aufwiesen als danach.[2]

Der aus *Brest* stammende Kapitän *Péron* wurde mit vier Matrosen, darunter einem Matrosen der *Noolka*, von dem amerikanischen Kapitän der *Emilie* am 1. September 1792 auf der Insel zurückgelassen, mit dem Auftrag 25.000 Robben zu erjagen und deren Felle zu präparieren, bestimmt für den chinesischen Markt.[3]

Am 1. Februar 1793 erhielt *Saint Paul* Besuch von der *Lion*, der *Indostan* und der *Jackall*, welche den englischen Botschafter *Lord Macartney* nach *China* brachten. Während *Péron* dem Lord als bereitwilliger Führer die Insel zeigte, füllten die Matrosen der *Lion* die vier Matrosen *Pérons* bis zur Bewusstlosigkeit mit Spirituosen ab und stahlen ihnen dann 800 bereits fertig präparierte Robbenfelle.

Entgegen des vorherigen Textes meiner Diplomarbeit zeigte sich, nachdem ich in Besitz eines Nachdrucks der 1824 erschienenen zweibändigen Autobiografie des *Capitaine Pierre-François Péron* kam[4], dass so manche vorherige Quelle allzu freizügig mit den Sachverhalten umgegangen ist. So kam es zwischen den fünf Männern (drei Franzosen, zwei Engländern) zwar tatsächlich zu schweren Auseinandersetzungen, die zeitweise zu einer gewaltsamen Trennung und die Spaltung der Insel in ei-

[1] … wenn hier nicht möglicherweise der Auswurf der Aschekegel *(Quatre Collins)* als letzte vulkanische Aktivität ursächlich war, was angesichts des Umstands, dass diese im Februar 1793 noch heiß waren, nicht undenkbar erscheint.

[2] Vgl. Lit.-Verz. Nr. 44.

[3] Vgl. Lit.-Verz. Nr. 9a.

[4] Vgl. Lit.-Verz. Nr. 9a.

nen »französischen« und »englischen« Teil führten, zu Tode kam hierdurch jedoch, entgegen früherer Angaben, keiner. Während der »Trennung« lebte ein Teil zeitweise in einer Grotte auf der gegenüberliegenden Seite des Kratersees, die am Beginn des Steilhangs am Südende der südlichen Barre gelegen war (oder ist). Erst zum Ende des Aufenthalts verstarb einer der französischen Seeleute an einer Erkrankung, die er bereits vor der Fahrt zu der Insel hatte, jedoch verheimlichte. Auch die Erkundungen der Insel fanden weitestgehend gemeinsam statt. *Péron* fertigte auch, neben umfassenden Beschreibungen der Insel, eine ausführliche Karte der Insel an.

Irrtümlich benannte er die Karte der Insel mit *Nouvelle Amsterdam*, wie er auch in seinen Berichten davon sprach, sich auf der Insel *Amsterdam* zu befinden. Dieser Irrtum rührte wahrscheinlich aus der Zeit des Besuchs der *Mercury* her, in deren Bericht die Namen der Inseln vertauscht worden waren.[1] Überhaupt sind die Inseln untereinander immer wieder die Opfer von Verwechslungen gewesen. Selbst der bekannte französische Autor *Jules Verne* beschrieb in seinem Roman *Die Kinder des Kapitän Grant* (1867) die Insel *Saint Paul*, obwohl er eine Beschreibung der Insel *Amsterdam* geben wollte.[2] Er verfiel aber offenbar nur den fehlerhaften Quellen jener Zeit.

Péron blieb insgesamt 40 Monate auf der Insel und verließ diese mit den drei verbliebenen Seeleuten am 16. Dezember 1795 an Bord der *Ceres* (aus *London*, Capt. *Thomas Hadley*), welche die Insel passierte. Dass die *Emilie* nicht wie vereinbart nach 15 Monaten erschien, hing ebenfalls mit dem Besuch der *Lion* auf der Insel zusammen: Die von *Péron* selbst dem Kommandanten der *Lion* bei seinem Besuch gegenüber gegebenen

[1] De la Rüe, S. 9, vgl. Lit.-Verz. Nr. 7 und Nr. 35.

[2] Verne, Jules, *Die Kinder des Kapitän Grant*, Diogenes Taschenbuch 64/XI, Band I, 2. Teil, Kapitel III, S. 380 ff, Diogenes Verlag AG Zürich, 1977, vgl. Lit. -Verz. Nr. 10, sowie:
Krauth, Bernhard, *Les erreurs géographiques chez Jules Verne*, Bulletin de la Société Jules Verne N° 87, S. 25-26, 1988, vgl. Lit.-Verz. Nr. 3, und:
Krauth, Bernhard, *Encore une fois l'île Saint- Paul*, Bulletin de la Société Jules Verne N° 105, S. 5-7, 1993, vgl. Lit.-Verz. Nr. 4.

Informationen über die Bewaffnung der *Emilie* führten aufgrund des ihm unbekannten neuen Kriegszustands zwischen *England* und *Frankreich* zur Arretierung der *Emilie* durch die *Lion*, als beide Schiffe gemeinsam in *Macao* waren. *Péron* führt noch eine ganze Reihe Vorwürfe und Anschuldigungen gegen die englischen Schiffe und das Verhalten ihrer Kommandanten und Besatzung auf.

Kurz nach seiner Abreise von *Saint Paul* holte die *Otter* die 3000 Robbenfelle ab, die *Péron* bei seiner Abreise nicht hatte mitnehmen können.

Péron war noch ein zweites Mal auf der Insel, in den Jahren 1800 bis 1801, diesmal für 15 Monate.

Während des ganzen 19. Jahrhunderts erhielt *Saint Paul* immer wieder Schiffsbesuche. Auf der Route vom *Kap der Guten Hoffnung* zu den holländischen Kolonien *Java* und *Australien* liegend sah die Insel immer wieder Schiffe an sich vorüberfahren. Aber vor allem in der ersten Hälfte des 19. Jahrhunderts gingen Walfänger und Robbenjäger bei der Inselgruppe ihrer Tätigkeit nach. Außerdem nutzten Fischer der Insel *Bourbon (Réunion)* den Fischreichtum der Inselgruppe. Hin und wieder ließen sich auch einzelne Fischer für einige Zeit auf der Insel nieder.

Vom 3. Februar bis zum 25. März 1823 ankerte die Goelette (der Schoner) *Philo* aus *Boston* vor *Saint Paul.* Während dieses Aufenthalts wurden 5000(!) Robbenfelle präpariert und 30 Zentner Fisch konserviert. Die *Philo*, die auf den *Crozet-Inseln* 15 Überlebende der *Princess of Wales* aufgenommen hatte, welche dort am 17. März 1821 Schiffbruch erlitten hatten, ließ auf deren eigenen Wunsch zwei der Schiffbrüchigen bei ihrer Abreise auf *Saint Paul* zurück.

Eine am 1. Juni vorbeikommende Walfängerschaluppe wäre zwar bereit gewesen, die zwei Seeleute mitzunehmen, diese wollten aber eine bessere Gelegenheit abwarten. Zwar konnten sich die beiden Männer auf der Insel recht gut selbstversorgen, vor allem da in dieser Epoche auf beiden Inseln der Gruppe zahlreiche verwilderte Schweine lebten, aber dennoch kam es später durch einen von ihnen (*C. M. Goodridge*) zu der Klage, dass ein bei der Insel fischendes Schiff, die *Success*, den beiden nicht die geringste Hilfe zukommen ließ.[1]

Besuche und Passagen anderer Schiffe sind bekannt, verdienen hier jedoch keine nennenswerte Erwähnung. Dem Artikel von *Rhys Richards*[2] zufolge war *Saint Paul* jedoch recht dauerhaft von 1819 bis 1835 bewohnt. Waren es zuvor Robbenschläger, ging man später mehr dem Fischfang und der Waljagd nach. Es kann ganz allgemein gesagt werden, dass *Saint Paul* etwa von 1790 an bis 1835 nahezu dauerhaft, nur teilweise von den Winterzeiten abgesehen, von Robbenschlägern und/oder Fischern unterschiedlichster Nationalität bewohnt war, bevor 1843 dann die erste semi-offizielle Siedlung gegründet wurde. Aber auch danach scheint die Insel mehr oder weniger regelmäßig bewohnt gewesen zu sein, wie sich im Folgenden zeigt. Diese regelmäßige Besiedlung scheint bis Ende der 1850er Jahre stattgefunden zu haben, danach scheinen langfristigere Aufenthalte geringer geworden zu sein, von einzelnen Phasen abgesehen.

2.4 Geschichte der ersten Fischereisiedlung und der Folgezeit (Zeitraum von 1840 bis 1925)

Bis jetzt waren die Inseln zwar rege besucht worden, aber offensichtlich hatte sich kein Staat an der Inbesitznahme interessiert. Der Fischreichtum der Inseln war jedoch bekannt und seit Beginn des Jahrhunderts vor allem von Fischern der Insel *Bourbon* genutzt worden.

Da die Versorgung der französischen Kolonialinsel *Bourbon* (*Réunion*) mit Fisch von den Fanggründen in *Neufundland* aufgrund der großen Entfernung recht schwierig und Speisefisch in den Gewässern *Réunions* nicht in größeren Mengen fischbar

[1] Tollu, Benoit, S. 8-9, vgl. Lit.-Verz. Nr. 9.

[2] Vgl. Lit.-Verz. Nr. 43.

war, entschieden sich zu Beginn der vierziger Jahre des 19. Jahrhunderts einige Reeder, Kaufleute und Händler der Insel, den Fischreichtum der 1000 Seemeilen entfernten Inselgruppe gezielt auszubeuten.

Der Händler *Camin* gilt als Urheber dieser Idee (wenngleich diese Initiative von dem franko-polnischen Kapitän *Adam Mieroslawski*[1] ausgegangen ist), und es gelang ihm, den Gouverneur *Bourbons* für die Inbesitznahme der Inseln und für die Errichtung einer Fischereisiedlung zu interessieren. Als Leiter der Mission wurde *Mieroslawski* ernannt.[2]

Dieser hatte die Insel bereits im Jahre 1842 an Bord seines Schiffes *Cygne de Granville* besucht. Im gleichen Jahr, am 5. August, hatte übrigens der Naturalist *Mac Gillivray Saint Paul* mit der *Fly* besucht und zwei der hier heimischen Robbenarten mitgenommen, die noch heute ausgestopft im *British Museum* zu sehen sind.[3]

Auf Anweisung des Gouverneurs von *Bourbon* machte sich das Handelsschiff *Olympe*, in Ermangelung eines Kriegsschiffes, unter der Führung des Kapitäns *Dupeyrat* Anfang Juni 1843 auf die Reise zu der Inselgruppe.

Am 1. Juli 1843 hatte das Schiff *Amsterdam* erreicht und in Besitz genommen. Am 2. Juli 1843 fand dann bei sehr schönem Wetter die erste Inbesitznahme *Saint Pauls* im Namen des Gouverneurs von *Bourbon* statt. Gleichzeitig wurden das Personal der geplanten Fischfangstation, rund 60 Fischer sowie eine kleine Marineinfanterieabteilung[4], große Mengen Proviant und alle notwendigen Materialien für den Bau der Siedlung an Land

[1] *Adam Piotr Mierosławski*, geboren 23. April 1815 in Styków, gestorben (6.?) Mai 1851 auf See. Ausführliche Informationen unter: https://pl.m.wikipedia.org/wiki/Adam_Mieros%C5%82awski (hier findet sich auch das rechtsfreie Bildnis) sowie noch ausführlicher unter: https://histmag.org/Kapitan-Adam-Mieroslawski-wlasciciel-wysp-na-Oceanie-Indyjskim-10663.

[2] De la Rüe, S. 10+11, vgl. Lit.-Verz. Nr. 7.

[3] Tollu, Benoit, S. 9, vgl. Lit.-Verz. Nr. 9.

[4] Einer der einfachen Soldaten dieser Abteilung, *Emile (Jean-Baptiste)*, genannt *Mazarin, Pellefournier*, geboren 1819 in *Grenoble* und gelebt und verstorben in *Noyarey (Dep. L'Isère)*, hat in der Nähe der heutigen Schutzhütte einen Felsen mit seinem Namen und seiner Herkunft sowie der Jahreszahl 1844 graviert.

Adam Mieroslawski
Fotografie 1849 von *Józef Feliks Zielinski*
(1808–1878)
Aus Wikimedia Commons

gebracht. An der Kraternordseite, der geeignetsten Stelle für eine Siedlung, wurden noch heute sichtbare Terrassen angelegt. Aus Lavablöcken wurden bei und auf den Terrassen feste Gebäude errichtet und Gärten angelegt. In diesen Gärten wurden mit Erfolg Kartoffeln und anderes Gemüse angebaut.[1] Auch Anlegestellen für die Fangboote, Wege zu den Gärten und auf die Insel wurden unter *Mieroslawskis* Leitung angelegt. Von den Gebäuden sind heute noch die Fundamente und Mauerreste zu sehen.

Einige Monate später, im November, besuchte der Kapitän *Guérin* der Korvette *La Sabine* die junge Siedlung. Er erhielt jedoch einen schlechten Eindruck, vor allem was die Lebensbe-

[1] De la Rüe, S. 11, 13, vgl. Lit.-Verz. Nr. 7.

dingungen auf der Insel betraf.[1] Auch der Franzose *Viot* erzählte später der Expedition der *Novara*, dass *Mieroslawski* als »Tyrann« die Insel verwaltete.[2]

Die erste Besitzergreifung der Inseln wurde von der Regierung *Louis-Philippes* nicht ratifiziert, da derzeit positive Annäherungen in der Politik an Großbritannien stattfanden und man diese nicht durch die »Annektierung« der Inseln gefährden wollte, welche nach einem älteren Vertrag *Mauritius* zugehörig und damit als Englisch anzusehen waren.[3] In Folge davon wurde die kleine Garnison von der Insel abgezogen, während die Siedlung auf der Insel verblieb.[4] *Mieroslawski* versuchte, den Minister der Marine und der Kolonien durch ein Schreiben vom Oktober 1846 von der Notwendigkeit der Inbesitznahme bzw. der Ratifizierung der Inbesitznahme zu überzeugen. Interessant sind hierin seine Ausführungen über die Insel selbst: Durch die Beseitigung größerer Felsbrocken im Bereich der Durchfahrt könne einfach die Einfahrtstiefe vergrößert werden und bei Tidewechsel problemlos passierbar werden (während bei laufenden Gezeitenströmen bis zu 7 Knoten Strömungsgeschwindigkeit auftrete), große Flächen auf der Inseloberfläche seien hervorragend für den Anbau von Getreide und Gartenkulturen geeignet.[5]

Im Jahre 1845 umfasste das Personal der Station 45 Personen und verfügte über zwei Segelschaluppen und fünf kleine Beiboote. Zwei Goeletten (*La Jolie* und *La Mouche*) und eine Brigg (*Le Souvenir*) hielten den Kontakt mit *Réunion*. Kontakt zur Außenwelt gab es auch durch zahlreiche Besuche anderer, vor allem englischer, Schiffe.

Im August 1848 verließ *Mieroslawski* nach fünf Jahren als Stationsleiter die Insel und wurde durch *Frederick Roure*, im Auftrag von *Marie Heurtevent* von *Réunion*, einem vorherigen Teil-

[1] De la Rüe, S. 13, vgl. Lit.-Verz. Nr. 7.
[2] Novara, S. 239, vgl. Lit.-Verz. Nr. 8.
[3] SAV, S. 43-48, vgl. Lit.-Verz. Nr. 21.
[4] De la Rüe, S. 13, vgl. Lit.-Verz. Nr. 7.
[5] *Mémoire d'Adam Mieroslawski*, vgl. Lit.-Verz. Nr. 47.

Die »Novara«.

haber des Unternehmens, abgelöst. *Miroslawski* kehrte 1851 nochmals kurz nach *Saint Paul* zurück (vermutlich von Dezember 1850 bis April 1851), verkaufte dann seine letzten Anteile an *Heurtevent* und verließ *Réunion* auf seinem Schoner *Le*

Pilote mit Ziel Australien. Kurze Zeit später wurde das Schiff durch ein englisches Kriegsschiff am 7. Mai 1851 treibend entdeckt, die vier Matrosen an Bord gaben an, der Kapitän sei an einer Angina (wohl Atemnot oder Herzversagen) verstorben, und man habe ihn am Vortag auf See bestattet. Die Art und Weise der Aussagen der Matrosen erschien jedoch uneinheitlich und war daher zu bezweifeln. Und da die vier, nachdem das Schiff mit ihnen durch die englischen Behörden über *Mauritius* nach *Réunion* zurückgebracht worden war, schnell und bevor eine Befragung durch die französischen Behörden vorgenommen werden konnte, unauffindbar verschwunden waren, gab dies den bereits bestehenden Zweifeln an den bekannten Aussagen zusätzliche Nahrung. Die Gründe des Todes von *Mieroslawski*, der auf *Réunion* sehr bekannt war, konnten nie aufgeklärt werden.[1]

Nach der Revolution in *Frankreich* von 1848 tauchte die nicht durchgeführte Idee auf, auf *Saint Paul* eine Strafvollzugsanstalt zu errichten, vermutlich ähnlich wie die von *Guyana*.

Im August 1853, nach zehnjährigem Bestehen, wurde die Siedlung vollständig aufgegeben, da ihr jegliche offizielle Unterstützung fehlte.[2] Im selben Jahr führte die englische *HMS Herald* Vermessungen bei beiden Inseln durch, welche in der Erstellung der ersten Seekarte der Inseln mündeten und zahlreiche bis heute gebräuchliche Namensbezeichnungen bewirkten.[3]

Die Aufgabe der Fischereisiedlung hatte jedoch nicht die Beendigung der Fischerei zur Folge. Regelmäßig von *Réunion* aus organisierte Fischfangkampagnen fanden nachweislich bis 1913 statt.

Vom 19. November bis 6. Dezember 1857 besuchte die österreichische Fregatte *Novara* unter dem Kapitän *Baron von Pock* die Insel. Die *Novara* war von *Triest* aus zu einer Forschungsreise um die Welt gestartet, um verschiedene weniger bekannte Orte aufzusuchen und dort geografische, ethnologische, astro-

[1] Vgl. Lit.-Verz. Nr. 47.
[2] Tollu, Benoit, S. 9, vgl. Lit.-Verz. Nr. 9.
[3] Vgl. Lit.-Verz. Nr. 27.

Ansicht aus dem Buch der Reise der »Novara«.

nomische, magnetische, geologische, zoologische und botanische Forschungen zu betreiben.

Nachdem die *Novara Rio de Janeiro* und das Kap passiert hatte, war ihre erste Station die Insel *Saint Paul.* Hier angekommen, fand man die Insel bewohnt vor. Zu dieser Zeit waren die Eigentumsrechte an der Insel an den Schiffsausrüster *Otovan* von *St. Denis (Réunion)* vergeben worden. Dieser hatte den Franzosen *Viot* und zwei Mulatten auf der Insel stationiert. Zweimal jährlich schickte *Otovan* eine Goelette von 40 t zu der Insel, die dann dort dem Fischfang nachging. *Viot* und die zwei Mulatten waren beauftragt, diesen Fischfang und die Lager des Geschäftsmanns zu überwachen und instand zu halten. Nebenbei pflanzten sie größere Mengen Kartoffeln an, welche sie gegen Reis, Tabak und Pökelfleisch bei vorüberfahrenden Schiffen eintauschten. Laut dem Bericht der *Novara* gab *Viot* an, bereits seit 1841 regelmäßig jedes Jahr saisonal auf der Insel gewesen zu sein – was bedeuten würde, das dieser auch den gesamten Zeitraum mit *Mieroslawski* auf der Insel war.

Die Wissenschaftler der *Novara* richteten sich auf der Insel in einer Fischerhütte ein. Die Wissenschaftler waren zeitweise ge-

Ansicht aus dem Buch der Reise der »Novara«

zwungen, ihre Arbeit wegen ausgesprochen schlechter Wetterverhältnisse zu unterbrechen. Dennoch konnten die naturwissenschaftlichen Arbeiten mit einigem Erfolg durchgeführt werden. So wurde etwa an der eingerichteten Beobachtungsstation, die nördlich oberhalb der Fischerhütten kurz vor der Klippenkante gegenüber des *Ninepin*-Felsens lag, eine kleinere steinerne Pyramide von zwei Fuß Höhe errichtet und eine eiserne Platte angebracht, in der die ermittelte geografische Position eingraviert war. *Charles Vélain* berichtete 1874, zumindest Spuren der Beobachtungsstation an angegebener Stelle gefunden zu haben, ob die Pyramide noch Bestand hatte, geht aus seinem Bericht nicht hervor. Exakt nach Süden wurde über eine gedachte Linie an der gegenüberliegenden Kraterseite vier Klafter über der Wasserlinie ein liegendes Kreuz in eine fast senkrechte Felsplatte eingemeißelt. Auch hierüber habe ich, wenngleich dies sicherlich noch existieren muss, nie eine neuere Information gefunden.[1]

[1] Novara, S. 214-249, vgl. Lit.-Verz. Nr. 8, außerdem erwähnt in dem Expeditionsband »Nautisch-physicalischer Theil«, S. 14.

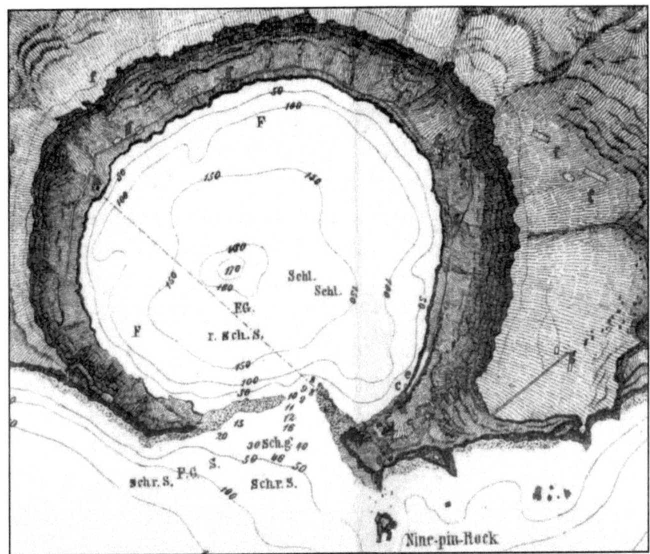

Ausschnitt der Karte der Insel, die von der Novara-Expedition angefertigt wurde. Da diese in diesem Buch nur sehr klein dargestellt werden kann, sei an dieser Stelle auf meine Webseite www.bernhard-krauth.de/Diplomarbeit.htm verwiesen, wo die Karte größer und in Nachbearbeitung mit farblicher Kennzeichnung der Punkte a bis h laut Legende der Karte erläutert ist. In zweierlei Hinsicht ist die Karte hier von hohem Interesse, denn a) sind hier die Wege eingezeichnet, die unter *Mieroslawski* angelegt wurden, und b) sind die Lagen der Gemüsegärten bemerkenswert. Dass zumindest 1857 nach dieser Karte sowohl auf dem Plateau oberhalb der Ansiedlung als auch an den Kraterinnenhängen eine ganze Anzahl derartiger »Gärten« lag, ist bemerkenswert. Es sollen 12 bis 15 solche »kultivierten Stellen« vorhanden gewesen sein. Und auch die Kennzeichnung der warmen morastigen Bereiche auf dem Plateau dürfte von Interesse sein.

Illustration aus Quelle Nr. 8, Sammlung B. Krauth

Am 6. Dezember verließ die *Novara Saint Paul*, machte am folgenden Tag einen kurzen Halt bei *Amsterdam* und segelte dann weiter nach *Ceylon.*[1]

Am 17. Juni 1871 ankerte die englische Fregatte *Megaera*

[1] Novara, S. 214-249, vgl. Lit.-Verz. Nr. 8.

unter Kapitän *Thrupp*, von *Kapstadt* mit 42 Offizieren, 180 Seeleuten und 67 Rekruten kommend, vor *Saint Paul*. Die *Megaera* war überladen und leckgeschlagen. Mittels eines Tauchers wurde das Schiff untersucht und der Rumpf wies eine fehlende Stahlplatte und weitere Beschädigungen sowie zahlreiche stark rostige, dünne Stellen auf. Wegen stürmischen Wetters brachen die Flunken des Ankers beim ersten Ankerversuch. Am Morgen des Sonntag, dem 18. Juni, riss der zweite Anker ab. Kurz darauf entschied der Kapitän nach vorheriger Rücksprache mit seinen Offizieren, dass eine Weiterfahrt zu gefährlich sei. Man brachte Lebensmittel und anderes an Land. Am Montagvormittag, dem 19. Juni, wurde es sehr stürmisch, es brach eine Flunke des dritten Ankers und das Schiff begann wieder zu driften. Erst konnte das Schiff mittels der Maschinen einigermaßen auf Position gehalten und weiter Proviant, Kohle u. a. mittels der Boote an Land geschafft werden, dann nahm der Wind aber weiter zu und die *Megaera* konnte so weder auf Position gehalten noch weitere Vorräte an Land gebracht werden. Es wurde entschieden, das Schiff auf die Barre aufzufahren und so den drohenden Untergang zu verhindern. Die *Megaera* wurde mit voller Maschinenleistung auf die Barre gefahren, wo sie um 1:52 Uhr mittags (= 13:52 Uhr) auf Grund fest kam.

Den Fotografien, Zeichnungen und der Karte von 1874 nach (sowohl aus den Materialien der Venuspassagen-Expedition als auch einer Zeichnung aus dem Reisebericht der deutschen *Gazelle* zufolge, die ebenfalls 1874 die Insel besuchte) kam das Schiff nahe der nördlichen Mole schon innerhalb der Durchfahrt zu liegen. Bei der Betrachtung der Lage der Wrackreste auf den Bildern und der in der Karte verzeichneten Position könnte man meinen, es als Glück anzusehen, dass das Schiff dort auflief – nur wenige Meter weiter wäre es wieder in dem tieferen Wasser des Kraters gewesen und mit nun aufgerissenem Rumpf sicherlich binnen kürzester Zeit gesunken … Allerdings zeigen Grafiken der Strandung ein anderes Bild, dort sieht es aus, als würde das Schiff mittig vor der Barre und nicht dahinter liegen. Ich habe versucht, die in dem Bericht des

Kapitän *Thrupp* angegebene Position nachzuvollziehen, was natürlich angesichts der Unkenntnis, welche Punkte auf den Molen exakt zur Peilung genommen wurden, sowie der inzwischen veränderten Form der Molen-Enden ziemlich schwierig ist. Dennoch, sowohl unter Benutzung der Karte von 1874 als auch der modernsten Seekarte, kann man davon ausgehen, dass das Schiff ziemlich mittig auf der Barre zu liegen kam. Dies bestätigen die Bilder der Strandung selbst, widersprechen aber der Lage des Wracks in den Karten und Bildern drei Jahre später. Angesichts der bekannten sehr starken Wasserbewegungen an der Barre, vor allem bei Sturm, kann man davon ausgehen, dass das Schiff (welches nach den Berichten 1874 noch im Rumpf vollständig war) noch weiter über die Barre geschoben wurde – nach meiner Einschätzung ca. 50 bis 70 m nach Westen und geringfügig nach Norden, etwas dichter an die nördliche Mole heran, und damit tatsächlich dicht an die innere Abbruchkante des Kratersees. Kurz nach Ankunft der *La Dives* 1874 erfuhr diese einen über Tage hinweg anwachsenden Sturm, der am 28.09.1874 zu einem (zweiten) Ankerbruch führte und das Schiff auf die offene See schickte. Es kehrte erst am Morgen des 1. Oktober nach *Saint Paul* zurück, wo einige an Land verbliebene Personen ebenfalls von dem sehr heftigen Sturm berichteten. In genau diesem Sturm war der Rumpf der *Megaera* zerbrochen, nur noch einige wenige Trümmerteile ragten aus dem Wasser, der Rest »war durch Wind und Wellen in dem Krater versenkt worden«.[1]

Einmal auf Grund, lief bei Flut nur das Heck des Schiffes bis zum Hauptdeck voll, und so konnten in der folgenden Zeit alles Nützliche sowie große Teile der Ladung unbeschadet an Land gebracht werden. Auch musste das Schiff nicht sofort verlassen werden, doch bis auf 40 Seeleute und 13 Schiffsoffiziere waren am 23. Juni alle anderen Personen an Land untergebracht. Aus Segeltuch und anderen Materialien bauten sich die Schiffbrüchigen Unterkünfte, teils dabei vorhandene Schup-

[1] Vgl. Lit.-Verz. Nr. 24, S. 52 im Tome II, 1ière partie, Teil *Mission de l'île Saint-Paul.*

pen und Gebäude nutzbar machend. Am selben Tag wurden in der Nacht ein rotes Licht und am Tag zwei passierende Schiffe gesehen; alle Versuche, diese auf sich aufmerksam zu machen, scheiterten jedoch. In den kommenden Tagen richtete man sich ein. Man fand geschätzt etwa 100 verwilderte Ziegen, zahlreiche (essbare?) Pilze, etwas Kohl und Kartoffeln. Am 29. Juni wurde das Schiff vollständig verlassen und an Land begonnen, große Baracken als Unterkünfte zu errichten. Der vorliegende Bericht endet mit diesem Datum.[1]

Am 16. Juli wurden die Schiffbrüchigen von dem niederländischen Schiff *Aurore* bemerkt, welches dann in Folge die Außenwelt informierte. Die Schiffbrüchigen wurden dann von mehreren Schiffen von der Insel geholt und waren im September 1871 alle in *Kapstadt* angekommen.[2]

1873 besuchte die *HMS Pearl* die Insel. Auf *Amsterdam* tragen seitdem zwei Kaps die Namen des Kommandanten *Goodenough* und seines Leutnants *Hosken*.

Am Mittwoch, dem 23. September 1874, brachte die *La Dives* eine französische astronomische Mission zur Beobachtung des Venusdurchgangs sowie den Geologen *Vélain* an Land. Die Expedition hatte vor allem zu Beginn mit heftigsten Stürmen zu kämpfen, so dass erst am 1. Oktober 1874 alles Material und die Expeditionsteilnehmer an Land gebracht werden konnten. Diese Mission blieb bis zum 4. Januar 1875 auf *Saint Paul*. Ähnlich wie bei der *Novara* wurden die Resultate dieser Expedition, ihre Forschungsergebnisse und Erkenntnisse, in diesem besonderen Fall um die letztlich gelungene Beobachtung des Venusdurchgangs erweitert, ausführlich dokumentiert und veröffentlicht.[3]

Am 17. November brachte die Goelette *Le Fernand* der Mis-

---

[1] Ausgearbeitet nach: *Perth Gazette and West Australian Times*, Friday 22 December 1871, S. 3, vgl. Lit.-Verz. Nr. 44.
THE LOSS OF THE MEGAERA. The following dispatches relative to the stranding of Her Majesty's ship Megaera have been received at the Admiralty, through the Post Office, from Batavia, and forwarded to us for publication.

[2] SAV, S. 67, vgl. Lit.-Verz. Nr. 21.

[3] Vgl. Lit.-Verz. Nr. 24 und 25.

sion die letzten Neuigkeiten und ging dem Fischfang im Krater nach. Im Laufe des Dezembers transportierte sie *Vélain* und zwei andere Wissenschaftler für zwei Wochen nach *Nouvelle Amsterdam. Vélain* verdankt man zahlreiche präzise Berichte über die Geologie und andere naturwissenschaftliche Fakten der Inseln. Das bemerkenswerteste zoologische Ereignis der Mission dürfte wohl ein während eines Sturms im Dezember angespülter Riesenkrake gewesen sein. Er hatte eine Körperlänge von 1,60 m und 6 m lange Arme.[1]

Nachdem die Unterkünfte und Bauten für die wissenschaftlichen Beobachtungen errichtet waren, beschäftigte man die anwesenden Arbeiter und Seeleute damit, auf der Nordmole eine solide Pyramide aus gut miteinander verbunden Felsblöcken zu errichten, welche am Fuß 24 m Umfang und eine Höhe von 9 m hatte. Sie umschloss den Flaggenmast und wurde im Inneren durch waagrechte, mit Eisenbeschlägen verbundenen Stämmen zusätzlich stabilisiert und gefestigt.[2] Trotzdem scheint die Widerstandsfähigkeit dieser Pyramide gegen die bei Stürmen auch gelegentlich über die Barre hinwegspülenden Wellen nicht von besonders langer Dauer gewesen zu sein, oder sie wurde bereits in den folgenden Jahren von Fischern wieder abgetragen, denn es findet sich in späteren Quellen, wie bspw. bei *Carl Chun* 1899, keine ausdrückliche Erwähnung der Pyramide mehr. Die daran angebrachte Gedenktafel hingegen war noch lange auf der Insel erhalten, das Original befindet sich heute in *Frankreich* und wird noch immer gerne auf Ausstellungen gezeigt; eine Replik befindet sich auf *Saint Paul* an geschützter Stelle in den Mauern eines früheren Gebäudes aufgestellt, zusammen mit der 2015 dort angebrachten Gedenktafel für die »Oubliés de l'île *Saint Paul*«, die 1930 auf der Insel »vergessenen« bretonischen Fischer.[3]

Während des ganzen Aufenthalts war das Wetter meist sehr schlecht, mit raschen Wechseln, überwiegend wolkig und auch

[1] SAV, S. 79, vgl. Lit.-Verz. Nr. 21; Nr. 24.
[2] Vgl. Lit.-Verz. Nr. 24.
[3] Tollu, Benoit, S. 10, vgl. Lit.-Verz. Nr. 9.

nebelig. Die Expedition hatte das Glück, dass genau an dem Tag, dem 9. Dezember 1874, an dem die Venus vor der Sonne vorbeizog, der Tag und der Himmel weitestgehend klar und mit nur wenigen, schnell vorbeiziehenden Wolken gesegnet war, so dass die Venuspassage so gut wie störungsfrei beobachtet, dokumentiert und sogar fotografiert werden konnte. Bereits kurz danach zog der Himmel wieder zu und das Wetter blieb erneut für zwei Tage sehr schlecht. Allen Anzeichen nach lag *Saint Paul* exakt zu dem Zeitpunkt im Auge eines Sturmtiefs, was das kurzfristige gute Wetter erklärt.

Die deutsche Venuspassagen-Expedition mit der *Gazelle* machte am 12. Februar 1875, also einige Wochen nach der Abreise der französischen Expedition, unplanmäßig am Nachmittag, für nur zweieinhalb Stunden, Zwischenstopp auf *Saint Paul.* Man setzte auf der Insel einige Scheidenschnäbel (*Chionis*) aus, eine nur in der *Antarktis* und *Subantarktis* heimische Vogelart, von der man einige Exemplare von den *Kerguelen* mitgenommen hatte. Da aber bereits auf der kurzen Reise mehrere Exemplare verstorben waren und man nicht glaubte, die restlichen würden die Fahrt nach *Mauritius* überleben, ließ man die überlebenden Vögel, ein Männchen und mehrere Weibchen, auf *Saint Paul* frei. Bei der Weiterreise passierte man auch *Amsterdam*, nahm dort aber in der Passage nur geografische Positionen auf und führte zwei Lotungen durch.[1]

Wie bereits bei der Geschichte *Amsterdams* erwähnt, war die Staatszugehörigkeit der Inseln ungeklärt, vor allem da ja die erste Inbesitznahme nicht ratifiziert worden war. Daher fand am 24. Oktober 1892 endlich die offizielle Inbesitznahme durch *Frankreich* statt, ausgeführt durch den Kommandanten *Guillaume* des Aufklärers *La Bourdonnais.*[2]

Eine deutsche Expedition unter *Carl Chun* besuchte *Saint*

[1] *Die Forschungsreise der SMS »Gazelle« in den Jahren 1874 bis 1876, I. Theil Der Reisebericht*; Hrsg. Hydrographisches Amt des Reichs-Marine-Amts, Berlin 1889, Königliche Hofbuchhandlung und Hofbuchbinderei Ernst Siegfried Mittler und Sohn, S. 133-135, vgl. Lit.-Verz. Nr. 45.

[2] SAV, S. 87, vgl. Lit.-Verz. Nr. 21.

Paul am 3. Januar 1899 mit der *Valdivia* und traf den 70 Jahre alten Unternehmer *Hermann* aus *Réunion* mit seinem Sohn sowie etwa 20 Farbigen auf der Insel an.[1]

Im Jahre 1903 war die Insel wiederum Besuchsort einer deutschen Expedition. Die deutsche Antarktisexpedition der *Gauss* verweilte hier am 26. und 27. April 1903.[2]

Von 1903 bis 1913 ging das Fischereischiff *Le Rève* saisonal dem Fischfang auf *Saint Paul* nach. Der während der Kampagne 1913(?) verstorbene Reeder *Raoul Fleury* wurde auf der Insel beigesetzt.[3] Dessen steinernes Grabkreuz, datiert mit 1928, eben oberhalb der Schutzhütte gelegen, ist noch heute gut erhalten.[4] Zeitweise sollen zu jener Zeit bis zu hundert Personen auf der Insel gewesen sein, die eine regelrechte Langusten-Verpackungsindustrie ausübten.[5]

2.5 Geschichte der zweiten Fischereisiedlung (Zeitraum von 1926 bis 1931)

Seit 1893 waren die Herren *René* und *Bossière* aus *Le Havre* Konzessionäre der Inseln. *H. Bossière*, der 1926 auf der *Lozère* bei *Saint Paul* vorbeikam, fiel die große Menge Langusten auf, welche sich an der Küste der Insel fanden. Ihm kam der Gedanke, diesen Sachverhalt zu nutzen. Er hoffte, vor allem in Konkurrenz zu den Südafrikanern zu treten, welche eingedoste Langusten unter der Bezeichnung *Langusten von den Kerguelen* nach *Frankreich* exportierten. (Zu bemerken ist, dass es bei den *Kerguelen* diese Tiere gar nicht gibt.) Infolgedessen wurde daher 1928 *La Langouste Française* als Filiale der *Compagnie Générale des îles Kerguelen* gegründet.[6]

Am 24. Oktober 1928 ging die *Austral* vor *Saint Paul* vor

1 Carl Chun, S. 269-277, vgl. Lit.-Verz. Nr. 2.
2 Terres Australes, S. 19, vgl. Lit.-Verz. Nr. 6.
3 SAV, S. 94. vgl. Lit.-Verz. Nr. 21.
4 Tollu, Benoit, S. 12, vgl. Lit.-Verz. Nr. 9.
5 Vgl. Lit.-Verz. Nr. 43.
6 Tollu, Benoit, S. 12, vgl. Lit.-Verz. Nr. 9, de la Rüe, S. 19 ff, vgl. Lit.-Verz. Nr. 7.

Anker. Unter der Leitung von *Pierre Presse* entluden die für die Besiedlung gewonnenen 27 Fischer aus der *Bretagne* und die Besatzung des Schiffes die Baustoffe für die geplante Konservenfabrik und die Unterkünfte sowie Lebensmittelvorräte und lebensnotwendige Geräte. Wegen schlechten Wetters und der flachen Barriere vor dem Kratersee nahm dies zwölf Tage in Anspruch. Am 4. November konnte die *Austral* endlich wieder in See stechen.

Da die Insel nur in der Fangsaison besiedelt sein sollte (von Oktober bis März) errichteten die 28 Bretonen auf der Insel in Rekordzeit (in 25 Tagen) die Fabrik und die Behausungen. Auch der Fang dieser ersten Saison war zufriedenstellend. Sechs »Wächter« blieben über Winter bis zur nächsten Saison auf der Insel.

Für die zweite Kampagne, die im Oktober 1929 startete, hatte die *Austral* zusätzliches Personal von *Madagaskar* und *Réunion* (90 Madagassen plus 25 Bretonen) auf die Insel gebracht. Diese Saison sollte sogar in der französischen Presse erwähnt werden, und zwar aus folgendem Grund:

Die Siedlung auf *Saint Paul* war mit einem Kurzwellensender ausgestattet, mit dem der Kontakt zur Außenwelt gehalten werden konnte. Einige Tage nachdem die *Austral* die Insel verlassen hatte, erhielt man keine Nachrichten mehr von *Saint Paul* – der Sender schwieg seit dem 9. Oktober 1929. Die für *Saint Paul* zuständige Gesellschaft war darüber ernsthaft beunruhigt.

Nachdem man zwei Monate lang nichts von der Insel gehört hatte, setzte sich die Gesellschaft mit einer englischen Reederei aus *Aberdeen* in Verbindung, welche eine regelmäßige Verbindung zwischen *Südafrika* und *Australien* unterhielt. Die *Eurypides*, welche von *Kapstadt* nach *Adelaide* fahren sollte, würde ja ohne nennenswerte Abweichungen von ihrer Reiseroute bei *Saint Paul* vorbeifahren und nach dem Rechten sehen können. Der Direktor der *Langouste Francaise*, *Alfred Caillé*, schiffte sich daher Anfang Dezember auf der *Eurypides* ein.

Etwa zur gleichen Zeit erhielt die Presse von der Angelegenheit Kenntnis und *Saint Paul* wurde Tagesthema in *Frankreich*. Wilde Gerüchte wurden verbreitet, die Insel sei nach einem starken Zyklon und von den durch ihn hervorgerufenen Wellen blank- oder gar weggefegt worden; oder die Insel sei durch ein Erdbeben oder einen Vulkanausbruch verwüstet oder gar verschwunden.

Die Spekulationen fanden zwei Wochen später ein Ende, als die Zeitung *La Liberté* am 13.12.1929 berichtete: »Man hat die Insel der Pinguine wiedergefunden.«

Die *Eurypides* hatte problemlos am 9. Dezember die Insel erreicht und ihre 108 Bewohner gesund vorgefunden. *Caillé* konnte sich von dem Gedeihen seiner Station überzeugen. Das Schweigen sei darauf zurückzuführen gewesen, dass der Funkapparat durch einen Unfall beschädigt worden war. Die Aussagen des Funkers, der die Station zu leiten hatte, über den Vorfall sind jedoch nicht ganz eindeutig gewesen. Das Gerät wurde durch die Techniker der *Eurypides* repariert.

Ein echter Unfall ereignete sich jedoch am 3. Januar 1930 um vier Uhr morgens, als ein Vorratslager abbrannte. Das Warum ist hier ebenfalls nicht geklärt. Am Ende der 2. Kampagne kamen jedoch Gerüchte auf, dass dieser Vorfall mit verantwortlich sei für den Tod einiger Stationsbediensteter, da es durch den Brand zu einem Verpflegungsmangel gekommen sei.

Am 3. März, dem Ende der 2. Kampagne, holte die *Austral* bis auf sieben Freiwillige, darunter eine (Ehe-) Frau, das Personal der Insel ab. Es handelte sich hierbei um relativ junge Freiwillige, sie waren zwischen 18 und 32 Jahren alt. Es ist anzunehmen, dass sie mit allem Nötigen ausgerüstet waren, vor allem in Hinblick darauf, dass erst sechs Monate später das neue Personal kommen sollte. Eigenartigerweise konnte jedoch keiner das Funkgerät bedienen.

Die erwähnte Frau, *Madame Brunou*, war zum Zeitpunkt der Abreise der *Austral* hochschwanger – vermutlich der Grund für den Verbleib auf der Insel – und gebar drei Wochen später ein Mädchen, welches jedoch bereits nach zwei Monaten starb. Weitere Todesfälle sollten sich noch ereignen.

Die geplante Ablösung zu Beginn der 3. Kampagne im September 1930 kam nicht. Was war geschehen?

Der Grund waren grundlegende Veränderungen in der Verwaltung der *Compagnie Générale des îles Kerguelen* und seiner zwei Filialen.

Dies hatte zur Folge, dass die Filiale *La Langouste Francaise* sich nach einem eigenen Schiff umsehen musste. Sie kaufte einen alten Frachter von 1.500 t und taufte ihn *Île Saint Paul*. Dieser sollte unter dem Kommando des Kapitäns *d'Armancourt* eine regelmäßige Verbindung zwischen *Saint Paul, Réunion* und *Madagaskar* halten.

Die *Île Saint Paul* kam von *Frankreich*, nahm in *Madagaskar* Arbeiter und in *Réunion* einige Fischer an Bord und erreichte *Saint Paul* am 6. Dezember 1930 – drei Monate später als geplant. Sie traf nur noch drei der sieben Zurückgebliebenen auf der Insel an, vier waren in der Zwischenzeit gestorben. Der erste war am 30. Juli *(E. Puloc'h)* gestorben, *F. Ramamonzi* verstarb am 22. August und *Victor Brunou* am 1. September. *Pierre Quillivic* verschwand am 27. Oktober mit einem der Fangboote und ward nie wieder gesehen, möglicherweise ein Freitod. Man nimmt an, dass er unter Depressionen litt.

Der Arzt, der mit der *Île Saint Paul* gekommen war, diagnostizierte nach Befragen der Überlebenden den Tod als Folge der »Konservenkrankheit«, verursacht durch Vitaminmangel aus fast ausschließlichem Genuss von Konservenkost. Dies hatten die Überlebenden wohl schließlich erkannt und sich daraufhin nur noch von Pinguineiern, Langusten, Fisch und Kaninchen ernährt, also von dem, was die Natur ihnen lieferte.

Von Frischgemüse ist nichts in den Berichten der Überlebenden zu lesen, obwohl solches vorhanden gewesen sein muss.

Die *Association des oubliés de l'île Saint-Paul* bemüht sich, die Erinnerung an *Louise* und *Victor Brunou* und die Tochter *Paule Brunou* (26.03.–20.05.1930, *Saint Paul*), *Emmanuel Puloc'h, François Ramamonzi, Julien Le Huludut, Louis Herlédan, Pierre Quillivic* und all die Madagassen, deren Namen vermutlich nie bekannt werden, wach zu halten. Mehr Details bezüglich der sieben Freiwilligen gibt es seit Ende 2013 mit zahlreichen Informationen und Bildern im Internet.[1] Am 30. November 2015 weihte die Tochter von *Julien Le Huludut* eine Gedenktafel auf *Saint Paul* ein, zu der ein Gegenstück kurze Zeit danach in *Concarneau* eingeweiht wurde.

Die 3. und letzte Kampagne dauerte von Anfang Dezember 1930 bis zum April 1931. Etwa 100 Personen lebten zu dieser Zeit auf der Insel, davon 22 Bretonen. Der Rest waren Arbeiter von *Madagaskar*.

Der Fang der Langusten und von Fisch wurde mit kleinen motorisierten Booten an der Küste der Insel betrieben. Im Krater selbst wurde in der Regel nicht gefischt, da hier große Algen die Arbeit beeinträchtigten. Die gefangenen Langusten wurden auf der Insel sofort verarbeitet, waren also absolut fangfrisch. Innerhalb von nur einer Stunde nach der Anlieferung der Tiere durch die Fangboote wurden diese gekocht, aus ihrem Panzer geschält und (nur die Langustenschwänze) eingedost. Pro Saison wurden etwa 400.000 Konservendosen produziert, was bei einem Inhalt von zwei bis drei Langustenschwänzen je Dose zu über einer Million verarbeiteter Tiere jährlich führte.

Am 20. März 1931 kam eine Nachricht von der Insel, es sei eine gefährliche Epidemie unter den Madagassen ausgebrochen, die bereits mehrere Todesopfer gefordert habe.

Auf Anweisung der Gesellschaft machte sich die *Austral* von den *Kerguelen* sofort auf den Weg nach *Saint Paul*. Denn obwohl über 100 Menschen auf der Insel lebten, und noch dazu in hygienisch nicht gerade lobenswerten Umständen, war nicht ein einziger Arzt oder Sanitäter unter ihnen. Die *Austral* sollte nach der notwendigen ärztlichen Versorgung das Personal von der Insel holen, da die Gesellschaft wegen gefallener Marktpreise die kommende Saison die Arbeit ruhen lassen wollte.

Die *Austral* erreichte *Saint Paul* am 1. April. Bei Ankunft waren 13 Männer bereits gestorben, zehn weitere verstarben in den folgenden Tagen. Der Schiffsarzt diagnostizierte ohne zu

[1] http://oubliesdesaintpaul.e-monsite.com/ und https://www.facebook.com/EnMemoireDesOubliesDeLileSaintPaul

zögern eine Krankheit namens »Béri-Béri«, welche allerdings nur die erwachsenen männlichen Madagassen getroffen hatte. Es handelt sich um eine Erkrankung in Folge von unausgewogener bzw. vor allem einseitiger Ernährung. Frauen, Kinder und das europäische Personal waren davon nicht betroffen, ihnen ging es entsprechend gut.

Leider hatte der Arzt keine Behandlungserfolge, so dass es sogar noch nach Abreise der *Austral* an Bord zu zehn weiteren Todesfällen kam.

Am 8. April 1931 verließ die *Austral Saint Paul* mit dem gesamten Personal an Bord. Auf der Insel blieben über 20 neue Gräber und die Station zurück.[1]

2.6 Geschichte von 1932 bis heute

Die Absicht, die Station später wieder zu betreiben, wurde nicht mehr ausgeführt und man vermied es, in den nächsten Jahren davon zu sprechen.

Erst 1938 wurde die Wiederaufnahme der Station durch einen Herrn *Horn* (andere Schreibweise?: *Hohn*?[2]) *de Boer* in Angriff genommen, der eine spezielle Konzession für den Langustenfang in den Gewässern der Inseln für 30 Jahre am 21. Dezember 1936 erhalten hatte. Im Hinblick auf die Ereignisse von 1931 waren jedoch mit der Konzession eine Menge Auflagen verbunden, welche genau vorschrieben, wie die Station geführt zu werden hatte (Sicherheits-, Sanitär- und Hygienevorschriften sowie die Verpflichtung, einen Arzt auf der Station zu haben u. ä.).

Nach einer langen Vorbereitungszeit startete die *René Moreux* am 25. Mai 1938 von *St. Malo* aus zur Reise nach *Saint Paul*. In *Réunion* im August angekommen, verließ fast das gesamte Personal das Schiff, da der Konzessionär *Horn de Boer* im

[1] De la Rüe, S. 22-36, vgl. Lit.-Verz. Nr. 7.
[2] SAV, S. 112. vgl. Lit.-Verz. Nr. 21.

© Bruno Marie, http://seaview.photodeck.com/

Die Insel *Saint Paul.*

Prinzip bankrott war und das Schiff verkaufen musste. Einige Interessierte der Insel *Réunion* kauften das Schiff auf, tauften es auf den Namen *Île Bourbon* um und schickten es mit einer weitgehend neuen Besatzung, noch immer unter dem Kapitän *d'Armancourt*, nach *Saint Paul.*

Das Schiff erreichte die Insel am 10. Dezember 1938. Man hatte gehofft, die seit 1931 verlassene Station und die Fabrik nutzen zu können. Beide waren jedoch durch Stürme in einen sehr schlechten Zustand gebracht worden, so dass nur einige wenige Dinge wieder in Gebrauch genommen werden konnten.

Infolge der mangelhaften Vorbereitungen für den Aufenthalt auf der Insel, man hatte sich zu sehr auf die vermeintlich nutzbaren Einrichtungen verlassen, kam es zu erheblichen Schwierigkeiten. Die mitgeführten Lebensmittel waren nicht einmal ausreichend, um nach *Réunion* zurückzukehren. Die *Île Bourbon* konnte nicht vor *Saint Paul* ankern und war gezwungen, vor *Amsterdam* zu ankern. Der Kurzwellensender des Schiffes war so unzureichend, dass er nicht einmal *Réunion* erreichte.

Bis Februar 1939 lebte man abwartend und mit Angst auf dem vor Anker liegenden Schiff, bis es gelang, ein altes Funkgerät, welches man auf *Saint Paul* gefunden hatte, in Gang zu setzen.

Endlich konnte man ein SOS aussenden, welches von einem Amateurfunker in *Kalifornien* empfangen wurde. Die Nachricht wurde schließlich den französischen Behörden übermittelt, welche gleichzeitig den Aufklärer *Bougainville* und ein französisches Frachtschiff, die *Saint-Loubert-Bié*, die sich in der Gegend befanden, zu den Inseln schickten.

Beide Schiffe trafen sich gleichzeitig mit der *Île Bourbon* am 23. Februar vor *Amsterdam*. Der Frachter versorgte die *Île Bourbon* mit dem Notwendigsten, vor allem Kohle, so dass diese nach *Réunion* zurückkehren konnte. Dies war ein Glücksfall, denn es war das einzige Schiff der Reederei, welches nicht mit

Heizöl betrieben wurde.[1] Die Folge der missglückten Kampagne war, dass der Großteil der Aktionäre Bankrott gegangen war, einer von ihnen starb sogar bei Erhalt der Nachrichten (an Herzversagen?). Herr *Horn de Boer* und der Kapitän *d'Armancourt* wurden nach ihrer Ankunft sofort verhaftet und kamen ins Gefängnis.[2]

Hiermit endete der letzte Versuch, eine Fischereistation auf der Insel zu betreiben. Allerdings wurde nach dem Krieg der Fischfang bei den Inseln wieder ausgeübt, heute vor allem von ostasiatischen Fischereifahrzeugen.

Im Jahre 1945 untersuchte eine englische Mission auf *Saint Paul* die Möglichkeiten, eine meteorologische Station zu errichten. Wie man weiß, wurde diese Idee später auf *Amsterdam* von den Franzosen ausgeführt.

Am 25.12.1948 machte die Fregatte *Tokinois* bei *Saint Paul* halt und dokumentierte diesen Besuch durch eine Bronzeplatte, welche an der kleinen Pyramide angebracht wurde, die von der *Antares* am 10.02.1931 errichtet worden war.

1959 wurde *Saint Paul* angeblich durch eine Feuersbrunst verwüstet.[3] (Weitere Details fehlen – Ursache und Auswirkungen, was hat gebrannt, wo hat es gebrannt …)

Am 3. März 1964 besuchte der für die französischen Überseegebiete zuständige Minister *Jacquinot* die Insel an Bord der *Gallieni*.[4]

In der weiteren Folge der Jahre besuchten verschiedene Forschungsschiffe die Insel und führten verschiedenste Untersuchungen durch.

1966 wurde aus den Resten der alten Station eine kleine Schutzhütte gebaut, die heute mehr oder weniger regelmäßig (einmal jährlich) mit Notproviant und Medikamenten für eventuelle Schiffbrüchige ausgerüstet wird. Das Seglerpaar *Wilts* berichtete von seinem Besuch Anfang 1994, dass diese Hütte

[1] SAV, S. 113-114., vgl. Lit.-Verz. Nr. 21.
[2] De la Rüe, S. 37-40, vgl. Lit.-Verz. Nr. 7.
[3] Tollu, Benoit, S. 13, vgl. Lit.-Verz. Nr. 9.
[4] Tollu, Benoit, S. 14, vgl. Lit.-Verz. Nr. 9.

in einem fürchterlichen Zustand gewesen sei. Ratten und Mäuse hatten sich Zugang verschafft und die ohne besondere Vorsichtsmaßnahmen achtlos gestauten Lebensmittel zum Großteil angefressen sowie die Matratzen der Notliegen zerstört. Der Uringeruch der Tiere hatte alles durchdrungen, die Hütte entsprach in keiner Weise dem Zweck, dem sie dienen sollte. Nach Fotografien jüngeren Datums wurde die Hütte aber in späteren Jahren grundlegend erneuert bzw. renoviert und ausgestattet.

In 1969 und 1971 gab es kürzere Forschungscamps auf der Insel. Vom 18. Dezember 1971 bis 30. Januar 1972 und vom 24.12.72 bis zum 21.02.73 wurden auf der Insel weitere Forschungscamps errichtet. Während dieser Zeiträume, nur von kurzen Besuchen auf der Insel *Amsterdam* unterbrochen, wurde im Prinzip alles nur irgendwie Interessante der Insel untersucht und erforscht. Diese Kampagne führte auch zur Erstellung der ersten rein topografischen Karte von *Saint Paul*, ausgeführt durch das IGN (*Institut Geographique National, Paris*).[1]

Vom 3. Juli bis 1. August 1986 fanden in den Gewässern der Inseln und im Krater von *Saint Paul* verschiedene ozeanografische Untersuchungen statt.[2]

Wie bereits mehrfach erwähnt, besuchte das deutsche Seglerpaar *Wilts* Mitte Februar 1994 *Saint Paul*. Aufgrund des sehr kurzen Zeitraums, den sie auf der Insel zubrachten, konnten sie keine ausführlichen Erkundigungen vornehmen. So konnten einige meiner Bitten, wie z. B. das Suchen nach den zweifelhaften Süßwasserquellen, leider nicht ausgeführt werden.

In den Gewässern der französischen Antarktisterritorien fährt seit den achtziger Jahren das Fischereischutzfahrzeug *Albatros*. Es hat die Aufgabe, unberechtigt fischende Fahrzeuge aus den Gewässern der Inseln zu vertreiben. Denn alle nichtfranzösischen Fischer dürfen hier nur mit einer Fischfanglizenz fischen, und eine solche haben (hatten) bisher nur die Ukrai-

---

[1] Tollu, Benoit, S. 5-38, vgl. Lit.-Verz. Nr. 9.

[2] Arnaud, P. M., *La campagne MD 50/Jasus aux îles Saint Paul et Amsterdam*, Bericht der TAAF und des Centre d'océanologie de Marseille N° 86-04, Marseilles April 1990, S. 1 ff, vgl. Lit.-Verz. Nr. 1.

ner. 1997 gab es nur ein französisches Schiff, welches im Bereich der *Kerguelen* dem Fischfang nachging, die *Kerguelen de Trémerec*. Alle anderen, vor allem die ostasiatischen Fischer in der Region, tun dies illegal.

Am 23. Juli 1995 kam es zu einem weiteren Schiffbruch vor der Insel. Das japanische Fischereischiff *Zuiho Maru No. 58* war während einer Thunfischjagd auf vorgelagerte Felsen der Steilküste im Nordwesten *Saint Pauls* aufgelaufen. Als das Schiff nach fünf Tagen auseinanderzubrechen begann, ging die 22-köpfige Besatzung an Land, überquerte den Norden der Insel und begab sich zur Kraternordseite. In den folgenden zehn Tagen (22.07.–02.08.1995) wurden die Schiffbrüchigen aus der Luft durch die australische Luftwaffe versorgt, bis sie endlich von dem französischen Forschungsschiff *La Curieuse* Anfang August abgeborgen werden konnten. Das Fahrzeug wurde von den französischen Behörden später besichtigt und überprüft. Das Wrack überdauerte nicht länger als den folgenden Winter und war darauf komplett verschwunden.

Wie im Kapitel »Flora und Fauna« erwähnt, fanden von 1995 bis 1999 Expeditionen nach *Saint Paul* statt, die die Ausrottung ortsfremder Tiere zum Ziel hatten. Von allen durch den Menschen eingeführten fremden größeren Tierarten gab es zu jener Zeit noch schwarze Ratten, Kaninchen und Mäuse. Da Letztere keinen erwähnenswert negativen Einfluss auf die Ökologie darstellten, wurden schwerpunktmäßig die Ratten und Kaninchen mittels Gift, Abschuss und mit Hilfe von Hunden komplett ausgerottet.[1] Die Ausrottung der Mäuse (Hausmäuse) ist, wie bereits gesagt, möglicherweise für 2021 geplant.[2]

Inzwischen (seit 2006) ist *Saint Paul* ein strikt gesperrtes Naturschutzgebiet und Biosphärenreservat. Die Insel darf nur in ganz besonderen Ausnahmefällen betreten werden, eine An-

---

[1] SAV, S. 155-156, vgl. Lit.-Verz. Nr. 21.

[2] *Candidature des Terres et mers australes françaises à l'inscription sur la Liste du patrimoine mondial; Informations supplémentaires en réponse au rapport de l'UICN du 20 décembre 2018*, https://whc.unesco.org/document/173022.

näherung zu Wasser und in der Luft auf weniger als 300 m ist strikt untersagt.[1]

Eine automatische Gezeiten-Messstation wurde 2010 (Jahr unter Vorbehalt) nahe der Schutzhütte im Kratersee installiert und im Dezember 2011 mit einer GPS-Station ausgestattet, die es ermöglichen soll, sowohl vertikale als auch horizontale Veränderungen der Insel zu dokumentieren. Diese Maßnahme wurde ergriffen, weil den Wissenschaftlern die Steigung des Meeresspiegels bei *Saint Paul* von nahezu Null über die letzten 135 Jahre gegenüber etwa 1,7 mm pro Jahr bei der Messstation auf *Amsterdam* merkwürdig erscheint.[2]

3. Informationen zu Navigation bei den Inseln

(Die Punkte 3.1 bis 3.5 zur Navigation wurden in dieser Neufassung ausgelassen, da sie keine Veränderungen bzw. Aktualisierungen erfahren haben und in dieser Veröffentlichung ohne Relevanz sind.)

3.6 Meteorologie in dem Gebiet der Inseln

Das Klima von *Saint Paul* entspricht weitgehend dem von *Amsterdam*. Da auf *Saint Paul* nie länger dauernde Wetterbeobachtungen gemacht wurden, konnten keine nennenswerten Abweichungen in Temperatur und Niederschlag gegenüber den Werten von *Amsterdam* festgestellt werden.[3] Aus diesem Grund finden die folgenden Daten, die von der meteorologischen Station auf *Amsterdam* gesammelt wurden, im Prinzip für beide Inseln Anwendung.

Die Inseln liegen klimatisch in einer noch als gemäßigt zu bezeichnenden Zone, im Randbereich des Westwindgürtels der

1 EBM, S. 330, vgl. Lit.-Verz. Nr. 22.
2 https://www.sonel.org/Permanent-GPS-station-at-the-Saint,259.html
3 Terres Australes, S. 29, vgl. Lit.-Verz. Nr. 6.

südlichen Breiten, in der Zone der *roaring forties*. Dies bedeutet, dass in dem Gebiet mit einem sehr wechselhaften Wetter gerechnet werden muss.

Aufgrund der weltweiten klimatischen Veränderungen durch die nicht mehr zu leugnende Klimaerwärmung sind sämtliche Auswertungen in diesem Kapitel als nicht mehr aktuell zutreffend einzustufen, auch wenn mir keine neueren Auswertungen vorliegen.

Die in der *Amsterdamer* Wetterstation in über 40 Jahren beobachteten Windverhältnisse bestätigen die Randlage der Inseln an der Westwindzone. So kommen ungefähr ⅓ der jährlich wehenden Winde genau aus Westen, ¼ aus Nordwesten und ⅛ aus Südwesten, also weit über die Hälfte aller Winde aus westlichen Richtungen. Lediglich etwa ⅛ der Winde kommen zu ungefähr gleichen Teilen aus Norden und Süden. Der Anteil an Windstillen liegt bei ca. 3% der im Jahr gemachten Beobachtungen, der geringe verbleibende Anteil an Wind kommt aus anderen Himmelsrichtungen.[1]

Die Expedition der *Novara* berichtete von einer Windbeobachtung bei *Saint Paul*, die zwar aufgrund des kurzfristigen Beobachtungszeitraums nicht unbedingt richtig sein muss, aber Erwähnung verdient. Man beobachtete eine regelmäßige Wiederkehr von Winden in einer festen Reihenfolge. Nach einigen Tagen Nordostwind stellte sich Nord- und Nordwestwind ein, der allmählich auf West bis Südwest drehte und dann einhielt, um dann wieder von Nordosten einzusetzen. Dieser Ablauf wiederholte sich regelmäßig alle sechs Tage.[2] Aufgrund der weltweiten klimatischen Veränderungen muss davon ausgegangen werden, dass diese Regelmäßigkeit heute nicht mehr vorzufinden ist.

Die Windgeschwindigkeiten liegen im Jahresschnitt bei

---

[1] *Instructions Nautiques du Service Hydrographique et Oceanographique de la Marine, L 9 / Océan Indien Sud / Madagascar / Îles Eparses / Terres Australes et Antarctiques Francaises*, S. 46, Edition 1984, im Folgenden abgekürzt mit »SHO de la Marine«, vgl. Lit.-Verz. Nr. 11.

[2] Novara, S. 232, vgl. Lit.-Verz. Nr. 8.

7,4 m/s, die Windgeschwindigkeiten von Juni bis September liegen mit bis zu 8,8 m/s im Mittel nicht unerheblich darüber, im Februar und März mit 5,8 m/s darunter. Während starker Stürme sind Windgeschwindigkeiten von bis zu über 50 m/s gemessen worden, der stärkste Wind, gemessen im Juni 1950, erreichte eine Geschwindigkeit von 56 m/s, dass entspricht über 200 km/h.

Starke Winde sind sehr häufig, pro Jahr herrschen bei den Inseln etwa 160 Tage mit Windgeschwindigkeiten von mehr als 16 m/s (58 km/h), d. h. fast die Hälfte jedes Jahres wehen Winde der Stärke 7 nach *Beaufort* oder mehr.

Die Jahresdurchschnittstemperatur auf *Amsterdam* liegt bei 13,8 °C, wobei der kälteste Monat der August mit im Schnitt 11,1 °C, der wärmste Monat der Januar mit ihm Schnitt 16,6 °C ist. Die geringste gemessene Temperatur betrug im Juli 1964 1,8 °C, die wärmste Temperatur betrug im Januar 1989 25,2 °C.

Die Temperatur des Seewassers liegt im Schnitt bei 14 °C, kann jedoch über 20 °C warm werden. Bei *Saint Paul* ist das Seewasser im Mittel etwa 1 °C kälter als bei der Schwesterinsel.

Die jährliche Niederschlagsmenge beträgt im Schnitt 1.117 mm, wobei der niederschlagreichste Monat der Juni mit im Schnitt 113 mm und der niederschlagsärmste Monat der Dezember mit im Schnitt 81 mm ist. Der größte Niederschlag in einem Zeitraum von 24 h wurde im Februar 1987 mit 140,8 mm registriert. Jährlich findet im Schnitt an 236 Tagen Niederschlag statt, wobei die niederschlagreichste Zeit von Juni bis August und die niederschlagsärmste Zeit in den Monaten Dezember bis Februar ist. Entsprechend scheint die Sonne im Juni und Juli am wenigsten, im Schnitt nur rund 100 Stunden im Monat, während im Dezember und Januar die Sonne durchschnittlich an 174 Stunden im Monat zu sehen ist. Jährlich zeigt sich die Sonne im Schnitt während 1.581 Stunden.

Unter den möglichen Formen des Niederschlags ist der Regen die häufigste Art. Hagelschauer kommen vorwiegend nur in den Wintermonaten Juni bis September vor, jedoch kaum mehr als an ein bis zwei Tagen im Monat.

Schneefall wurde auf *Amsterdam* in einem Zeitraum von 41 Jahren nur an 22 Tagen während der Monate Mai bis September registriert, ohne jedoch zu einer Bedeckung des Bodens mit Schnee für mehr als wenige Stunden zu führen. Von *Saint Paul* wird Gleiches berichtet.

Die relative Luftfeuchtigkeit ist über das ganze Jahr ziemlich konstant und beträgt durchschnittlich 81% ohne große Abweichungen während des Jahres. Hin und wieder kommt es jedoch zu Tagen mit ausgesprochen geringer relativer Luftfeuchtigkeit, so gab es 1966 eine Messung von nur 18%. Dieser geringe Wert ist vermutlich auf das Einströmen arktischer Luftmassen zurückzuführen, welche ja aufgrund ihrer niedrigen Temperaturen eine geringe Luftfeuchtigkeit haben.

Der Luftdruck beträgt im Mittel auf Meeresniveau 1018 mb, wobei der Luftdruck von Juli bis September etwas höher, bei 1020 mb, und von November bis Januar im Schnitt etwas niedriger, bei 1016 mb, liegt.

Nebel gibt es bei den Inseln nicht viel, im Mittel hat es etwa an einem Tag pro Monat Nebel, wobei der Dezember mit im Schnitt über zwei Tagen im Monat der »nebelreichste« Monat ist.[1]

Wie schon in vorherigen Kapiteln erwähnt, liefert die Wetterstation auf *Amsterdam* auch Informationen für die Seeschifffahrt.

Die Station macht synoptische sowie spezielle Wetterbeobachtungen, wie die Beobachtung von Verdunstung, Zustand

[1] Die gemachten Angaben und Werte sind aus Klimatabellen des Französischen Meteorologischen Dienstes METEO FRANCE entnommen. Da verschiedene Tabellen vorlagen, die verschiedene Zeiträume als Grundlage und damit teilweise erhebliche Abweichungen voneinander hatten, wurde für den Großteil der gemachten Angaben die aktuellste Tabelle aus dem Jahresreport der Wetterstation auf Amsterdam von 1991 benutzt, welche den Zeitraum von 1950 bis 1990 abdeckt.
Vgl. Lit.-Verz. Nr. 12.
Die Angaben zum Luftdruck und den Windrichtungen stammen aus:
SHO de la Marine, vgl. Lit.-Verz. Nr. 11.
Der Wert der geringsten relativen Luftfeuchtigkeit wurde einer Tabelle mit dem Berechnungszeitraum 1956 bis 1985 entnommen, Quelle METEO FRANCE, vgl. Lit.-Verz. Nr. 12.

der See, Seewassertemperatur, Bodentemperatur und Dauer der Sonneneinstrahlung.

Für den Seewetterfunk werden Daten wie Windrichtungen und Windgeschwindigkeit, Bedeckungsgrad, Sicht, Luftdruck auf Meereshöhe, Lufttemperatur und der Zustand der See verarbeitet.[1]

[Auslassung von navigatorischen Informationen]

---

[1] METEO FRANCE, vgl. Lit.-Verz. Nr. 12.

C.

Schlussbetrachtung

Die Inselgruppe von *Amsterdam* und *Saint Paul* habe ich so ausführlich wie möglich behandelt. Jede Art von Information, die mir zugänglich war, wurde gründlich bearbeitet. Das Wesentliche und Interessante davon wurde in freier Formulierung, insbesondere bei der Übertragung aus der französischen Sprache, in diese Arbeit eingebracht.

Rückblickend lässt sich sagen, dass die Inseln trotz ihrer abgelegenen Lage Schauplatz zahlreicher Ereignisse und sogar Tragödien waren. Auch wenn so manches aus den verfügbaren Quellen nicht nachvollziehbar ist und modernere Sekundärquellen mancherlei falsch oder unvollständig wiedergeben, gerade in eigentlich vorrangig interessanten Dingen, so sind doch zahlreiche interessante Fakten bekannt. Es bleibt zu hoffen, dass die Inseln trotz aller historischen Einflüsse und zu erwartender globaler Umwelt- und Klimaänderungen weitgehend in ihrem natürlichen Zustand verbleiben. Denn sie sind einer der wenigen Orte auf unserer Erde, bei denen die eher geringen Auswirkungen menschlicher Anwesenheit diese auch mit Hilfe der Renaturierungsmaßnahmen weitreichend kompensiert wurden und die in großem Umfang ihren ursprünglich natürlichen Zustand wieder erlangt haben – zumindest subjektiv gesehen, was *Saint Paul* betrifft.

D.

Literaturverzeichnis

1. Arnaud, P. M.
La campagne MD 50/Jasus aux îles Saint Paul et Amsterdam
Bericht der TAAF und des *Centre d'océanologie de Marseille* N° 86-04, Marseilles April 1990

2. Chun, Carl
Aus den Tiefen des Weltmeeres. Schilderungen von der Deutschen Tiefsee-Expedition, S. 269–283
Gustav Fischer Verlag, Jena *1900*

3. Krauth, Bernhard
Les erreurs géographiques chez Jules Verne
Bulletin de la Société Jules Verne N° 87, S. 25–26, Paris 1988

4. Krauth, Bernhard
Encore une fois l'île Saint- Paul
Bulletin de la Société Jules Verne N° 105, S. 5–7, Paris 1993

5. N. N.
interne Veröffentlichung der Verwaltung der TAAF
Un exemple de rehabilitation ecologique: l'île Amsterdam,
TAAF, Ökologie in der Antarktis, Fiche 8, Paris 1990

6. de la Rüe, E. Aubert
Les Terres Australes, 2. Kapitel, I. Teil.
P.U.F., Collection Que Sais-je Nr. 603, Paris 1967

7. de la Rüe, E. Aubert
Les années tragiques de l'le Saint Paul (1928-1931) et quelques apercus historiques de la peche autour de l'île
Revue T.A.A.F. Nr. 55 und 56, S. 5–45, Paris 1971

8. Scherzer, Dr. Karl von
Reise der Österreichischen Fregatte »Novara« um die Erde, S. 214–260
Beschreibender Theil, Band I, 2. Auflage, Druck und Verlag von Carl Gerald's Sohn, Wien 1864

8a.
Reise der Österreichischen Fregatte »Novara« um die Erde – Statistisch-Commercieller Theil, Erster Band, S. 169–179, Druck und Verlag von Carl Gerald's Sohn, Wien 1864

8b. Hochstetter, Dr. Ferdinand von
Reise der Österreichischen Fregatte »Novara« um die Erde – Geologischer Theil, Zweiter Band, Erste Abteilung, S. 39–82, Druck und Verlag von Carl Gerald's Sohn, Wien 1866

9. Tollu, Benoit
Installation d'une base temporaire à l'île Saint Paul
Revue T.A.A.F. Nr.64, S. 5–38, Paris 1975

9a.
Mémoires du Capitaine Péron sur ses voyages, Librairie Brissot-Thivars, Paris 1824, und 1971 als Faksimile und 2011 als Taschenbuch neu erschienen (Band I und Band II)

10. Verne, Jules
Die Kinder des Kapitän Grant
Diogenes Taschenbuch 64/XI, Band I, 2. Teil, Kapitel III, S. 380 ff, Diogenes Verlag AG, Zürich 1977

Die später hinzugezogenen Quellen beginnen in der Zählung mit der Nr. 21

21. Verdenal, Yannick
Saint Paul & Amsterdam – Voyage austral dans le temps
Hrsg. Gérard Louis, Haroué 2004
Anmerkung(!): Dieses sehr gründlich recherchierte und durch Zitate von und Verweise auf historisches Original-Quellenmaterial gut belegte Werk fällt durch zahlreiche Abweichungen gegenüber den früher verwendeten Quellen auf. Sowohl die Schreibweise von Namen als auch Abweichungen bei Datumsangaben und vielerlei Sachverhalten sind oftmals in deutlich umfangreicherer Ausführlichkeit.

22. Légeron, Stéphanie und Marie, Bruno
Escales au Bout du Monde
Hrsg. Océindia SARL, La Montagne (La Réunion), 2015

23. Civard-Racinais, Alexandrine
Cap au Sud
Hrsg. Riveneuve éditions, Paris, 2017
Aktualisierungen basierend auf Inhalten der Seiten 151–156

24. Institut de France – Académie des Sciences
Recueil de mémoires, rapports et documents relatifs à l'observation du passage de Vénus sur le soleil
Tome II, 1ière partie, Teil *Mission de l'île Saint-Paul*, S. 1–425 mit 19 Bildtafeln, sowie
Tome II, 2e partie, Teil *Mission de l'île Saint-Paul*, S. 1–460 mit 27 Bildtafeln
Hrsg. Imprimeur-librairie Gauthier-Villars, Paris, 1878 (Band 2, 1. Teil) / 1880 (Band 2, 2. Teil)

25. Vélain, Charles
Les Îles Saint-Paul et Amsterdam (Océan Indien)
In : *Annales de Géographie*, tome2, No. 7, 1893, S. 329–354

26. Schilder, Günther
Voyage to the Great South Land, Willem de Vlamingh 1696–1697
Translated from the Dutch by C. de Heer, Hrsg. Royal Australian Historical Society, Sydney 1985, S. 37–47

27.
The Nautical Magazine and Naval Chronicle for 1854, February 1854, S. 68-81
Simpkin, Marshall, and Co. and J.D. Potter, London 1854
https://www.cambridge.org/core/services/aop-cambridge-core/content/view/A7999F00DC1BC8C377C8ACE0171AE2E3/9781139424691c2_p57-112_CBO.pdf/february_1854.pdf
und
Récit du naufrage du »Meridian« sur l'isle d'Amsterdam von M. Alfred Lutwyche,
Hrsg. D. Channell, Port Louis (Mauritius) 1853 (?)
https://nla.gov.au/nla.obj-569186021/view?partId=nla.obj-569188010#

28.
Journaal wegens een voyagie, gedaan op order der Hollandsche Oost-Indische Maatschappy in de jaaren 1696 en 1697 door het hoekerscheepje de Nyptang, het schip de Geelvink, en het galjoot de Wezel, na het onbekende Zuid-land, en wyders na Batavia, Boekverkoopers Willem de Coup,Willem Lamsvelt, Philip Verbeek, Jan Lamsvelt, Amsterdam 1701, S. 11:
https://books.google.de/books?id=_eOq_abgjXkC&hl=de&source=gbs_navlinks_s

29. Bourne, W. R. P., David, A. C. F. und Jouanin, C.
Probable Garganey on St. Paul and Amsterdam Islands, Indian Ocean.
Wildfowl 34, Ed. Wildfowl Trust, Slimbridge 1983, S. 127–129
https://wildfowl.wwt.org.uk/index.php/wildfowl/article/viewFile/680/680

30. Barrow, John
A Voyage to Cochinchina in the years 1792 and 1793
London 1806, S. 140–157
https://books.google.de/books/about/A_Voyage_to_Cochinchina_in_the_Years_179.html?id=geRhdrFOtCwC&redir_esc=y

31. Lesel, René
*Etude d' un troupeau de bovins sauvages vivant sur l'*île *Amsterdam*
S. 5, unter Verweis auf einen Artikel von F. Nicolas, *Compte rendu de mission à l'*île *de la Nouvelle Amsterdam.*
TAAF Revue No. 48, Paris 1969, Archives T.A.A.F., Paris, 1953
Auch weitere Verweise auf andere Artikel in anderen Nummern dieser Revue können auf folgender Webseite unter »Documents« abgerufen werden:
https://www.archives-polaires.fr/.

32. Hamilton Goodenough, Victoria
Journal of Commodore Goodenough, during his last command as senior officer on the Australian station, 1873-1875. Ed., with a memoir, by his widow, Ed. Henry S. King & Co, London 1876, S. 172–179
https://books.google.de/books/download/Journal_of_Commodore_Goodenough.pdf?id=UkMaAAAAYAAJ&hl=de&output=pdf&sig=ACfU3U2khWHbncGzGqeeFFMJ884tPaQRew

33. Staunton, Sir George, Macartney, George und Gower, Sir Erasmus
An authentic account of an embassy from the King of Great Britain to the Emperor of China;...
Volume I, Printed by Av. Bulmer and Co. for G. Nicol, Bookseller to his Majesty, Pall-Mall, 1797; S. 205–227
https://books.google.de/books/download/An_Authentic_Account_of_an_Embassy_from.pdf?id=XFNtbxn-

M9IgC&hl=de&output=pdf&sig=ACfU3U1L3UO2lwYtz-RohwxCvOCB8DfFbhQ

34. Delépine, Gracie
Toponymie des terres australes
TAAF & Commission territoriale de toponymie, 1973
http://www.archives-polaires.fr/viewer/13374/

35. Mortimer, George
Observations and remarks made during a voyage to islands of Teneriffe, Amsterdam, Maria's Islands near Van Diemen's land; Otaheite, Sandwich Islands; Owhyhee, the Fox Islands on the North West Coast of America, Tinian, and from thence to Canton, in the brig Mercury commanded by John Henry Cox, Esq., London 1791, S. 10–14
https://archive.org/details/cihm_38013/page/n29/mode/2up?q=Amsterdam

36. Larrue, Sébastien, Chadeyron, Julien und Faucon, Frédéric
Quelles origines à l'asylvatisme des îles volcaniques australes Crozet et Saint-Paul (Terres Australes et Antarctiques Françaises, océan Indien)?
https://doi.org/10.4000/cybergeo.28917

37. Micol, T. und Jouventin, P.
Eradication of rats and rabbits from Saint-Paul Island, French Southern Territories
In: *Turning the tide: the eradication of invasive species. Proceedings of the International Conference on Eradication of Island Invasives*, by C. R Veitch; M N Clout,
Verlag: Gland (Suiza) Cambridge (Reino Unido): IUCN, 2002. Serien: Occasional papers of the IUCN species survival commission, 27., Artikel S. 199-205
https://www.researchgate.net/publication/268303908_Eradication_of_rats_and_rabbits_from_Saint-Paul_Island_French_Southern_Territories

38.
Da Asia De Diogo De Couto: Dos Feitos, Que Os Portuguezes Fizeram Na Conquista, E Descubrimento Das Terras, E Mares Do Oriente. Decada Decima. Parte Primeira, Lisboa 1788, S. 141+142
https://books.google.de/books/download/Da_Asia_De_Diogo_De_Couto.pdf?id=nfdgAAAAcAAJ&hl=de&output=pdf&sig=ACfU3U36oyTKuZmIbGOGRxKmPkwLDJlTVg

39. Boxer, C. R.
Further Selections from the Tragic History of the Sea, 1559-1565: Narratives of the Shipwrecks of the Portuguese East Indiamen Aguia and Garça (1559), São Paulo (1561) and the Misadventures of the Brazil-ship Santo Antonio (1565)
Cambridge University Press 1968

40. Franco, Pelo P. Antonio
Imagem da virtude em o noviciado da Companhia de Jesus no Real Collegio de Jesus de Coimbra
Coimbra 1719, im Kapitel XIX, Absatz 5 (S. 359), vgl. Lit.-Verz. Nr. 40
https://books.google.de/books/download/Imagem_da_virtude_em_o_noviciado_da_Comp.pdf?id=1UDO1iWP9EcC&hl=de&output=pdf&sig=ACfU3U04QJpa1bBicFOowUvOS2alvnuvWQ

41. Dünne, Jörg
Die Kartographische Immagination
Wilhelm Fink-Verlag, München 2011, ISBN 978-3-7705-5149-1, S. 213

42.
Wiedergabe des Reiseberichts von Manuel Álvares in:
Padre Artur de Sá
Documentação para a história das missões do padroado português do Oriente

Lisabon 1955, Vol. 2, S. 384+385
http://purl.pt/26886/4/191039-2/191039-2_item4/index.html

43. Richards, Rhys
The Maritime Fur Trade: Sealers and Other Residents on St Paul and Amsterdam Islands
Artikel in: *The Great Circle*, Vol. 6, No. 1 (April 1984), pp. 24–42 und Vol. 6, No. 2 (Oktober 1984)

44.
ausgearbeitet nach: *Perth Gazette and West Australian Times*, Friday 22 December 1871, S. 3, vgl. Lit.-Verz. Nr. 44
THE LOSS OF THE MEGAERA. The following dispatches relative to the stranding of Her Majesty's ship Megaera have been received at the Admiralty, through the Post Office, from Batavia, and forwarded to us for publication.
https://trove.nla.gov.au/newspaper/article/3754865

45.
Die Forschungsreise der SMS »Gazelle« in den Jahren 1874 bis 1876, I. Theil *Der Reisebericht*; Hrsg. Hydrographisches Amt des Reichs-Marine-Amts, Berlin 1889, Königliche Hofbuchhandlung und Hofbuchbinderei Ernst Siegfried Mittler und Sohn, S. 133–135, ebenfalls Teil III und Teil IV können von Interesse sein
https://edoc.hu-berlin.de/handle/18452/683

46.
Detaillierte Informationen von dem Doktoranten in Umweltgeschichte Vincent Monnoir per E-Mail im Juli 2020, der eine These über die Umweltgeschichte der TAAF (*Une histoire environnementale des terres australes françaises (XVIIIe – XXIe siècles): acteurs, ressources, savoirs* – Abschluss/Veröffentlichung voraussichtlich 2022/3) verfasst

47. Couesnon, Pierre und Arnaud, Patrick
*Mémoire d'Adam Mieroslawski, pêcheur et colon à l'*île *Saint Paul il y a 170 ans, Revue Australe et Polaire* N° 69, S. 41–46 (Juli 2011) und N° 70, S. 47–51 (Dezember 2011), Mitglieder-Magazin der *AMAEPF (Association des Missions Australes et Polaires Françaises)*

Weitere Hilfsmittel

11.
Instructions Nautiques du Service Hydrographique et Oceanographique de la Marine,
L 9/ Ocean Indien Sud/ Madagascar/ Îles Eparses/ Terres Australes et Antarctiques Francaises, S. 46, Edition 1984, (Nautische Instruktionen des französischen Hydrografischen Dienstes)

12.
Handschriftliche Informationen, Klimatabellen sowie ein Jahresreport von 1991 der Insel *Amsterdam* des *Französischen Meteorologischen Dienstes (METEO FRANCE), Paris, Toulouse* und *Réunion*

13.
Handbuch der Süd- und Ostküste Afrika's
S. 339-340, DHI-Nr. 2046
Bundesamt für Seeschiffahrt und Hydrographie (BSH), Hamburg. Stand: 04.12.92

14.
Leuchtfeuerverzeichnis Teil VI
S. 197, DHI-Nr. 2106
BSH, Hamburg. Stand: 22.05.92

15.
Gezeitentafeln für das Jahr 1993, Band II

S. 247
BSH, Hamburg. Stand: 1992

16.
Nautischer Funkdienst, Band I,
S. B-41-5
BSH, Hamburg, Stand: aktualisiert bis 10/95

17.
Nautischer Funkdienst Band III (Wetter und Eisfunk)
S. Ba-4, B-28-5
BSH, Hamburg, Stand: aktualisiert bis 3/94

17a.
Nautischer Funkdienst Bd IV/B (Revierfunk), S. 6-49-4, BSH 8/95

18.
Monatskarten für den *Indischen Ozean*
DHI-Druckschrift N° 2422,
3. Auflage 1960,
DHI (BSH), Hamburg

19.
Seekarte GB N° 1921
Druckjahr 1978, letzte Korrekturen 1954
Alte Seekarte von 1901, bearbeitet nach einer französischen Karte von 1934, überarbeitet zuletzt 1954

20.
Seekarte F. N° 7170
Druckjahr 1991, aktuelle (neue) Seekarte der Inseln

Anmerkung:
Von Erich und Heide Wilts sind Berichte mit Fotos über ihre Reise durch den Indischen Ozean erschienen:

in der Zeitschrift »*GEO SPECIAL Indischer Ozean*«, Februar 1995
und in
»*Auf der Route der Albatrosse*«, *Delius Klasing Verlag*, Bielefeld, März 1996

E.

Danksagungen

Mein Dank gilt all denen, die mir beim Zustandekommen dieser Arbeit behilflich waren, insbesondere:

der *Administration des TAAF, Paris*;

dem *METEO FRANCE, Paris, Toulouse, Réunion*;

der Bibliothek des *Bundesamts für Seeschifffahrt und Hydrografie, Hamburg*

und folgenden Personen:

Gundi Lindner, *Leer* (heute Krauth, meine Frau);

Frau Nehmann, *FH Leer*;

Erich und Heide Wilts, *Leer/Heidelberg*/Antarktis-region, insbesondere für die zur Verfügung gestellten Fotografien

und selbstverständlich meinen Prüfern.

Für die Unterstützung bei der Wiederaufnahme meiner Recherchen und die umfassende Erweiterung seit 2020 danke ich, neben weiteren nicht Genannten, insbesondere:

Christian Stolz, Professor für Physische Geografie, Geomorphologie, Geoarchäologie, Geografiedidaktik, Europa-Universität *Flensburg*, für seinen »initialen Anstoß«;

Bruno Marie, Fotograf, der nicht nur fantastische Bilder der Inseln gemacht hat (https://seaview.photodeck.com/), sondern auch sehr nett und bereitwillig Auskünfte gegeben hat. Darüber hinaus hat er freundlicherweise die hier im Buch farbig abgedruckten Luftaufnahmen zur Verfügung gestellt und seine Einwilligung zur Reproduktion gegeben.

Danke insbesondere auch an Pierre Couesnon, Präsident der AMAEPF (*Association des Missions Australes et Polaires Françaises*, https://www.amaepf.fr/), der nicht nur sehr hilfsbereit und freundlich Auskünfte gegeben hat, sondern auch entsprechende Kontakte zu speziellen Fragen ermöglichte;

Vincent Monnoir, einer der Kontakte über die AMAEPF, der mir einige verbliebene Fragen sehr ausführlich beantworten konnte.

Meiko Richert und Dirk Seliger für ihre Korrekturlesung der vorliegenden Fassung.

F.

Wichtiger Hinweis

Für die Textstellen, die als Quelle METEO FRANCE haben, behält sich

METEO FRANCE
42, avenue Gaspard Coriolis
F-31057 Toulouse Cedex,
Frankreich

alle Rechte vor.
Der Autor hat die ausdrückliche Genehmigung für die Verwendung dieser Quellen in dieser Arbeit.
Bei einer anderen Verwendung als für eine wissenschaftliche Arbeit bitte ich auch meine Urheberrechte zu wahren und eine Genehmigung einzuholen. Danke.

G.

Nur bedingt ernst zu nehmen

Kennen Sie den Begriff »Mikronation« oder »Mikronationalismus« (Englisch: Micronation, Micronationalism)? Falls nicht, nutzen Sie das Internet oder moderne Lexika, um sich darüber zu informieren, vor allem was die verschiedenen Ausprägungen und die Seriosität dieser Idee betrifft. Ganz grob verallgemeinert und kurz gefasst wird damit die Idee individuell-privat begründeter Staatsgebilde bezeichnet, die je nach Absicht mehr oder weniger ernst wie auch dauerhaft neben den offiziellen »Makronationen« (reale Staaten) von spielerisch-phantastisch bis realistisch-politisch ernsthaft als Staatsgebilde agieren. Auch die Inseln *Amsterdam* und *Saint Paul* (wie viele andere derartige Inseln) waren bereits in der Vergangenheit erklärte »Mikronationen« oder waren und sind bis heute beanspruchte Territorialgebiete von Mikronationen. Der Verfasser dieser Ausarbeitung ist Begründer einer Mikronation namens *Frya Nordland Territories* (FNT). Zu den Territorien dieser (wie auch der ein oder anderen …) Mikronation gehört seit der Anspruchserklärung aus dem Juni 2020 auch die Insel *Saint Paul*. Der Anspruch basiert auf einer Erklärung, wie die FNT territoriale Besitzansprüche definieren, was einen nach dieser Definition legitimen Anspruch auf die Insel *Saint Paul* zur Folge hatte. Näheres siehe unter http://www.fnt.bernhard-krauth.de/FNT_D.html und http://www.fnt.bernhard-krauth.de/Anspruch_Saint_Paul.pdf.

Die Postverwaltung der FNT würdigte den Anschluss des neuen Territoriums mit einer Briefmarke:

1,00
cN
FRYA NORDLAND
TERRITORIES
Saint Paul
2021, May 22nd - Definite Adjoin-
ment of Saint Paul Island to the
Frya Nordland Territories